ABHANDLUNGEN DER DEUTSCHEN AKADEMIE
DER WISSENSCHAFTEN ZU BERLIN

Klasse für Mathematik, Physik und Technik

Jahrgang 1964 Nr. 2

GUNTRAM SCHRUTKA v. RECHTENSTAMM

TABELLE DER (RELATIV)-KLASSENZAHLEN DER KREISKÖRPER,

deren φ-Funktion des Wurzelexponenten (Grad) nicht größer als 256 ist

AKADEMIE-VERLAG · BERLIN

1964

Vorgelegt von Hrn. H. REICHARDT in der Klassensitzung vom 24. 10. 1963

Zum Druck genehmigt am gleichen Tage, ausgegeben am 18. 9. 1964

Erschienen im Akademie-Verlag GmbH, Berlin W 8, Leipziger Straße 3—4

Lizenznummer: 202 · 100/461/64
Gesamtherstellung: VEB Druckhaus „Maxim Gorki", Altenburg
Bestellnummer: 2001/64/I/2 · ES 19 B 2 · Preis: MDN 16,—

Diese Tabellen sind das Ergebnis einer Arbeit, die bereits 1936 in kleinem Umfang begonnen wurde und immer wieder mit Unterbrechungen weitergeführt wurde. Vor kurzem entschloß ich mich nun, diese Ergebnisse zu publizieren.

Ähnliche Tabellen existieren bisher nur in wesentlich kleinerem Umfang, vor allem die zuerst von KUMMER aufgestellte Tabelle der Klassenzahl der Kreiskörper bis zu dem der 100. Einheitswurzel.[1])

Die für diese Tabellen maßgebende Theorie findet sich gut dargestellt in einem Buch von HASSE[2]), auf das hier öfters noch Bezug genommen wird und in dem auch nähere Einzelheiten nachgelesen werden können, soweit sie hier nicht Platz finden.

Klassenzahlformel

Die Klassenzahl eines Abelschen Körpers kann bekanntlich nach folgender Formel berechnet werden (ursprünglich von KUMMER für die Kreiskörper aufgestellt):

$$h = h^* h_0,$$

$$h^* = Qw\prod_{\chi_1} \frac{1}{2f(\chi_1)} \sum_{x \bmod f(\chi_1)}^{+} (-\chi_1(x)x),$$

$$h_0 = \frac{\prod\limits_{\chi_0 \neq 1} \sum\limits_{\pm x \bmod f(\chi_0)} (-\chi_0(x) \ln |1 - \zeta_{f(\chi_0)}^{x}|)}{R_0}.$$

Hierbei sind:

χ die Charaktere des Körpers K (als Charaktere nach der K zugeordneten rationalen Kongruenzgruppe H vom Führer f),

χ_0 die Charaktere des größten in K enthaltenen reellen Teilkörpers K_0 (für alle χ_0 gilt $\chi_0(-1) = +1$),

χ_1 die übrigen Charaktere (für alle χ_1 gilt $\chi_1(-1) = -1$),

$(f\chi)$ die Führer der Charaktere,

$\sum\limits_{\pm x \bmod f(\chi_0)}$ die Summation über ein primes Halbsystem von $x \bmod f(\chi_0)$ ($\pm x$ soll ein volles primes Restsystem mod $f(\chi_0)$ bilden),

---

1) E. KUMMER: Über die Klassenzahl der aus n-ten Einheitswurzeln gebildeten komplexen Zahlen. Monatsber. Akad. d. Wiss. Berlin (1853).

2) H. HASSE: Über die Klassenzahl Abelscher Zahlkörper. Akademie-Verlag, Berlin 1952.

$\sum\limits^{+}_{x \bmod f(\chi_1)}$ die Summation über das kleinste positive Restsystem von $x \bmod f(\chi_1)$ (also die primen Zahlen zwischen 0 und $\frac{f(\chi_1)}{2}$),

$\zeta_{f(\chi)} = e^{\frac{2\pi i}{f(\chi)}}$ die analytisch normierte primitive $f(\chi)$-te Einheitswurzel,

R_0 die Regulatordeterminante der Einheiten von K_0,

w die Anzahl der Einheitswurzeln in K,

Q der Index der Gruppe aller Einheiten in K gegenüber dem System der Einheiten, das man erhält, wenn man die Einheiten von K_0 mit den in K vorhandenen Einheitswurzeln kombiniert. (Q ist stets 1 oder 2.)

Die Klassenzahl des größten reellen Teilkörpers

Der zweite Faktor h_0 im Ausdruck für K ist die Klassenzahl des größten in K enthaltenen Teilkörpers K_0. Ist der Abelsche Körper K reell, so existiert nur der zweite Faktor h_0, es ist also $h = h_0$.

Dieser zweite Faktor h_0 ist, abgesehen von einfachen Fällen, in denen er meist gleich 1 ist, sehr schwer zu berechnen. Seine Berechnung verlangt nämlich vor allem die genaue Kenntnis des Systems der Einheiten des größten reellen Teilkörpers, die kaum zu erlangen ist.

Am ehesten ist noch im Einzelfall zu beweisen, daß eine jede rationale Primzahl sich im größten reellen Teilkörper in gerade soviel von Einheiten verschiedene ganze algebraische Zahlfaktoren zerlegen läßt, wie es die Idealtheorie bezüglich der Zerlegung in Primideale fordert. Wenn eine solche Zerlegung stets möglich ist, folgt daraus, daß alle Primideale Hauptideale sind, die Klassenanzahl also gleich 1 ist. Nun hat diesbezüglich Minkowski gezeigt, daß es genügt, dies für die Primzahlen bis zu einer von ihm gegebenen Schranke zu untersuchen. Bei den Kreiskörpern von Primzahlführern wurde dies in einwandfreier Weise nur bis 19 durchgeführt. Es ist aber anzunehmen, daß auch sonst die Klassenzahl 1 ist, wenn diese Zerlegung bei sämtlichen kleinen Primzahlen möglich ist, auch wenn die Minkowskische Schranke noch nicht erreicht ist. So muß man nach dem in den Tafeln von Reuschle[1]) durchgeführten Zerlegungen vermuten, daß bei den größten reellen Teilkörpern der Kreiskörper von Primzahlführern bis zum Führer 89 die Klassenzahl gleich 1 ist und erst beim Führer 97 größer als 1.

Erster Faktor der Klassenzahl (Relativklassenzahl) und Anordnung der Tafel

Weil der zweite Faktor h_0 so schwer zu bestimmen ist, beschränkt man sich meist auf den ersten Faktor h^*, also auf die Relativklassenzahl des komplexen Körpers K gegenüber seinem größten reellen Teilkörper K_0. Diese Relativklassenzahl h^* ist in der nachstehenden Tabelle für alle Kreiskörper gegeben (bei diesen ist $Q = 1$, wenn f eine Primzahl oder Primzahlpotenz ist, sonst $Q = 2$).

Im übrigen sind in der Tabelle auch die Beiträge der einzelnen Abteilungen von Charakteren gegeben, ähnlich wie in der Tabelle in dem oben angeführten Buch von Hasse, S. 139—141. Mit Hilfe dieser Beiträge ist es dann meist nicht schwer, auch die Relativklassenzahl von Teilkörpern dieser Kreiskörper zu bestimmen (bekanntlich ist jeder Abelsche Körper Teilkörper eines Kreiskörpers). Die genauen Vorschriften hierfür gibt ebenfalls dieses Buch von Hasse, S. 136—137.

---

[1]) C. G. Reuschle: Tafeln komplexer Primzahlen, welche aus Wurzeln der Einheit gebildet sind. Berlin 1875.

Geordnet wurde diese Tabelle nicht nach den Führern selbst, sondern nach deren φ-Funktion $\varphi(f)$. Denn der Grad des Kreiskörpers $K(\zeta_f)$ ($= P_f$ nach der Bezeichnung von HASSE) ist stets $\varphi(f)$. Es wird also damit nach dem Grad der Kreiskörper geordnet. Dadurch ist auch die Größenordnung der untereinanderstehenden Relativklassenzahlen viel einheitlicher als es bei der Anordnung nach f gewesen wäre. Um ein gewünschtes f leichter finden zu können, findet sich am Schluß der Haupttabelle eine Tabelle für $\varphi(f)$.

Im übrigen ist die Anordnung der Tabelle nahezu dieselbe wie bei HASSE.

In der zweiten Spalte ist der Charakter angegeben, durch dessen Einsetzen in den betreffenden Faktor der Klassenzahlformel und Normbildung der betreffende Beitrag erhalten wird. Hierbei sind die Grundcharaktere stets so zu nehmen, wie sie in der Hilfstafel im oben angegebenen Buch von HASSE, S. 142—147, zu finden sind.[1]) Damit ist die Zuordnung der Charaktere zu den Beiträgen auch in den Fällen festgelegt, bei denen die Ordnungen der Grundcharaktere gemeinsame Teiler über 2 haben (dies ist der Fall bei $f = 63, 80, 85, 91, 117, 133$ usw.). Nur in einem Fall liegen die Grundcharaktere durch diese Tafel von HASSE nicht fest, nämlich bei $f = 640$. Hier wird ψ_{128} gebraucht. Für diesen Fall wurde festgesetzt $\psi_{128}(5) = \zeta_{32}$ und $\psi_{128}(-1) = 1$, wodurch ψ_{128} für alle Zahlen festgelegt ist.

Die dritte Spalte gibt die Ordnung (n_ψ bei HASSE) des Beitrags, d. h. die Ordnung der Einheitswurzeln, die in dem Ausdruck vorkommen, durch dessen Normbildung der Beitrag entsteht.

Die vierte Spalte gibt den Grad des Beitrags $\varphi(n_\psi)$, d. h. die Anzahl der konjugierten Faktoren, durch deren Multiplikation der Beitrag entsteht.

In der fünften Spalte ist der Beitrag angeführt. Um aber hier immer nur ganze Zahlen anzuführen, wurde die Norm des Faktors aus der Klassenzahlformel noch mit folgenden Faktoren multipliziert:

1. Bei den Charakteren von Primzahlpotenzführern ($f = p^\varrho$) von der höchstmöglichen Ordnung mit dem Faktor p (bei $f = 4$ mit 4),

2. Bei den Primzahlführern ($f = p$) von einer Ordnung, die gleich der höchsten in $p - 1$ enthaltenen Potenz von 2 ist, mit dem Faktor 2.[2])

In allen anderen Fällen steht der Beitrag, so wie er durch Normbildung des betreffenden Faktors erhalten wird, ohne jede Änderung.

Dadurch werden alle Beiträge ganzzahlig.

Die so hinzugefügten Faktoren kompensieren sich meistens weitgehend gegen die Faktoren in Qw, dabei vollständig alle ungeraden Primfaktoren. So gilt z. B. für die Kreiskörper selbst, daß die Relativklassenzahl h^* stets gleich dem Produkt aller diese aufbauenden Beiträge dividiert durch 2^ν ist. Dabei ist $\nu = 0$, wenn f nicht mehr als zwei *verschiedene* Primfaktoren besitzt, in den anderen Fällen ist ν immer um 2 kleiner als die Anzahl der verschiedenen in f aufgehenden Primfaktoren.

Durchführung der Rechnung

Die meisten dieser Beiträge wurden aus der obigen Formel für die Klassenzahl auf gewöhnlichem Wege ausgerechnet (die Vorschriften im Buch von HASSE, S. 80—83, wurden mir erst bekannt, wie schon fast alles gerechnet war; aber natürlich bemerkte ich bei der Rechnung eine Menge Rechenvorteile, so daß die Berechnung wohl auch nicht schwieriger war als nach

---

[1]) In der Schreibung der Charaktere besteht allerdings folgender kleiner Unterschied gegenüber HASSE. Bei den ψ-Charakteren wurde als Index nicht p^ϱ geschrieben, sondern die ausgerechnete Potenz, da das Anführen einer Potenz bei einem Index die Lesbarkeit ziemlich erschwert. Dasselbe gilt für χ_4.

[2]) Bei HASSE werden auch in den oben angeführten Fällen die Normen der Faktoren der Klassenzahlformel selbst als Beiträge angeführt. Jedoch wird dieser Faktor immer als solcher betont, indem er als Nenner angeführt ist, selbst wenn er sich wegkürzen läßt (wie dies bei $f = 37$ und 59 der Fall ist).

den Formeln von HASSE). Oft wurden dabei Rechenmaschinen benutzt. Bei 5 Primzahlen (167, 179, 227, 239, 251) war aber der Rechenaufwand so ungeheuer (ca. 40000 Multiplikationen für jede dieser Zahlen), daß ich mich schließlich entschloß, ein Programm aufzustellen, um diese Zahlen durch die Burroughs-Datatron-205-Elektronenrechenmaschine des Instituts für Statistik an der Universität Wien rechnen zu lassen.

Um mich gegen Rechenfehler zu sichern, wurden die Beiträge mehrmals, oft drei–viermal berechnet (oft in Zeitabständen von Jahren, so daß die Unabhängigkeit jeder Berechnung gewährleistet ist). Lediglich bei den Beiträgen, die eine sehr lange Berechnung erforderten, erfolgte die Überprüfung nur modulo einer geeignet gewählten Zahl $\equiv 1 \bmod n_\varphi$.

Da auch sonst gerade bei den komplizierter zu berechnenden Beiträgen vielerlei Beziehungen gelten müssen (z. B. weitgehende Gleichheit von Koeffizienten; bei Primzahlführern Teilbarkeit der Teilproduktsummen durch diese Primzahl u. dgl.; diese Eigenschaften wurden übrigens auch in das Programm für die Elektronenmaschine eingebaut, um im Falle falscher Programmierung oder sonstiger Funktionsfehler ein sofortiges Alarmieren zu veranlassen), so ist schon dadurch eine beträchtliche Sicherheit gegen Rechenfehler gegeben. So ist zu hoffen, daß durch alle diese Vorsichtsmaßnahmen die Tabelle fehlerfrei ist.

Faktorenzerlegung der Beiträge

Weiter wurde besonderer Wert darauf gelegt, die Faktorenzerlegung jedes Beitrags exakt anzugeben.

Erleichtert wird dies dadurch, daß man weiß, daß jeder Beitrag Norm eines Ideals aus dem Körper $K(\zeta_n)$ ist, wobei n die Ordnung des betreffenden Beitrags ist. Daraus folgt nach bekannten idealtheoretischen Sätzen, daß ein jeder Primfaktor entweder selbst $\equiv 1 \bmod n$ sein muß oder, wenn dies nicht der Fall ist, in einer Potenz vorkommen muß, die $\equiv 1 \bmod n$ ist. Man muß also nur Zahlen $\equiv 1 \bmod n$ als mögliche Faktoren des Beitrages nachprüfen (wobei man sich auf die Primzahlen und Primzahlpotenzen dieser Art beschränken kann).

So konnten bereits ohne Elektronenrechenmaschine alle Beiträge auf Faktoren bis 100000, oft auch bis 400000 untersucht werden. Als mir die elektronische Datatron-Maschine zur Verfügung gestellt wurde, wurden alle Beiträge bis 10^7 bzw. bis zur Wurzel der betreffenden Zahl untersucht, bei den kleineren Zahlen oft noch weiter.

Im übrigen wurde, um festzustellen, ob die Zahlen Primzahlen sind oder nicht, bei allen Zahlen über $3 \cdot 10^6$ eine Untersuchung nach dem kleinen FERMATschen Satz vorgenommen (bei den kleineren genügte ein Blick in die Faktorentafel von BURKHARDT). Zu diesem Zweck wurde $2^{m-1} \bmod m$ gebildet (wenn m auf die Primzahleigenschaft zu untersuchen war). Diese Arbeit ist bei großen Zahlen geringer als die Nachprüfung aller Primzahlen bis $\sqrt{m}$ daraufhin, ob sie Teiler von m sind.

Nach dem FERMATschen Satz muß nämlich bei jeder Primzahl $2^{m-1} \equiv 1 \bmod m$ sein. Bei einer zusammengesetzten Zahl ist aber in der Regel $2^{m-1} \not\equiv 1 \bmod m$, so daß also die Bildung von $2^{m-1} \bmod m$ eine Aussage über die Primzahleigenschaft von m gestattet.[1])

Diese Feststellungen nach dem kleinen FERMATschen Satz wurden bei den Zahlen bis zu 18 Ziffern mit einer gewöhnlichen Rechenmaschine gemacht, bei den noch größeren mit der Elektronenmaschine. (Bei der größten hier vorkommenden Zahl, mit 53 Ziffern, erforderte diese Feststellung $^1/_4$ Stunde Rechenzeit an der Elektronen-Maschine.)

---

[1]) Es besteht allerdings eine minimale Wahrscheinlichkeit dafür, daß $2^{m-1} \equiv 1 \bmod m$ ist, auch ohne daß m eine Primzahl ist, aber diese Wahrscheinlichkeit ist bei den großen hier in Betracht kommenden Zahlen sehr niedrig (ich schätze von der Ordnung 10^{-6} bis 10^{-10}).

Die Berechnung von 2^{m-1} mod m erfolgte dabei stets auf zwei Arten. Das eine Mal wurde die Zahl m in Zifferngruppen zu je 9 Ziffern geteilt und so die Rechnung durchgeführt, das andere Mal in Zifferngruppen zu je 8 Ziffern. Das Ergebnis wurde nur dann anerkannt, wenn beide Rechnungen das gleiche Ergebnis lieferten, was eine Sicherheit gegen Programmfehler und Fehler der Maschine bot, die übrigens nie vorkamen.

Auf diese Art konnte bloß bei 9 Führern keine klare Auskunft über die Faktorenzerlegung erhalten werden, und zwar bei den größten Beiträgen von $f = 243, 191, 199, 223, 227, 233, 239, 251, 257$, bei denen durch die Untersuchung nach dem kleinen FERMATschen Satz wohl herauskam, daß diese Beiträge keine Primzahlen sind, aber die Faktoren unbekannt blieben (diese Faktoren sind jedenfalls größer als 10^7). Der kleinste dieser Beiträge hat 22 Ziffern, der größte 53. Bei allen diesen Beiträgen steht der Vermerk „keine Primzahl".

In allen anderen Fällen ist eine Zahl bei den Beiträgen stets eine *Primzahl*, wenn keine Faktorenzerlegung angegeben ist. (Die größte nach dem kleinen FERMATschen Satz festgestellte Primzahl ist die bei $f = 179$ mit 29 Ziffern.)

Asymptotische Darstellung der Klassenzahlen

Ferner bemühte, ich mich angenäherte Ausdrücke für die Klassenzahlen zu erhalten. Es dürfte nämlich die $\frac{\varphi(f)}{4}$-te Wurzel aus der Klassenzahl einigermaßen linear weiterschreiten, eine Sache, die durch den Klassenzahlausdruck und die Formel über die natürliche Streuung bedingt durch die Faktoren bei den Charakteren in den einzelnen Beiträgen nahegelegt wird.

Danach gelten als asymptotische Formeln vermutlich solche folgender Gestalt

$$(a + bp)^{\frac{\varphi(f)}{4}};$$

a und b wurden hierbei durch Ausgleichsrechnung festgestellt.

Es ergab sich bei den Klassenzahlen der Kreiskörper $K(\zeta_p)$

$$\left.\begin{aligned} a &= 0{,}56539 \pm 0{,}00777 \\ b &= 0{,}0257424 \pm 0{,}0000554 \end{aligned}\right\} \quad \text{(abgeleitet aus } p \text{ von 41 bis 257),}$$

also als genäherte Klassenzahl

$$(0{,}56539 + 0{,}0257424\, p)^{\frac{p-1}{4}}.$$

Ebenso bei den Kreiskörpern $K(\zeta_{3p})$

$$\left.\begin{aligned} a &= 0{,}41021 \pm 0{,}01452 \\ b &= 0{,}0442712 \pm 0{,}0001732 \end{aligned}\right\} \quad \text{(abgeleitet aus } p \text{ von 41 bis 127),}$$

also als genäherte Klassenzahl

$$(0{,}41021 + 0{,}0442712\, p)^{\frac{p-1}{2}}.$$

Ebenso bei $K(\zeta_{4p})$

$$\left.\begin{aligned} a &= 0{,}42667 \pm 0{,}01613 \\ b &= 0{,}0511707 \pm 0{,}0001920 \end{aligned}\right\} \quad \text{(abgeleitet aus } p \text{ von 41 bis 127).}$$

Bei $K(\zeta_{5p})$

$$\left.\begin{aligned} a &= 0{,}29097 \pm 0{,}00707 \\ b &= 0{,}0842786 \pm 0{,}0001728 \end{aligned}\right\} \quad \text{(abgeleitet aus } p \text{ von 17 bis 61).}$$

Bei $K(\zeta_{8p})$

$$\left.\begin{aligned} a &= 0{,}32336 \pm 0{,}01528 \\ b &= 0{,}1007257 \pm 0{,}0003734 \end{aligned}\right\} \quad \text{(abgeleitet aus } p \text{ von 17 bis 61).}$$

Bei $K(\zeta_{12p})$

$$\left.\begin{aligned} a &= 0{,}33578 \pm 0{,}01243 \\ b &= 0{,}0869153 \pm 0{,}0003036 \end{aligned}\right\} \quad \text{(abgeleitet aus } p \text{ von 17 bis 61).}$$

Bei $K(\zeta_{7p})$

$$\left.\begin{aligned} a &= 0{,}21471 \pm 0{,}01488 \\ b &= 0{,}125966 \pm 0{,}000521 \end{aligned}\right\} \quad \text{(abgeleitet aus } p \text{ von 11 bis 43).}$$

Bei $K(\zeta_{9p})$

$$\left.\begin{aligned} a &= 0{,}26214 \pm 0{,}00984 \\ b &= 0{,}128974 \pm 0{,}000344 \end{aligned}\right\} \quad \text{(abgeleitet aus } p \text{ von 11 bis 43).}$$

Bei $K(\zeta_{15p})$

$$\left.\begin{aligned} a &= 0{,}18714 \pm 0{,}01601 \\ b &= 0{,}142066 \pm 0{,}000741 \end{aligned}\right\} \quad \text{(abgeleitet aus } p \text{ von 11 bis 31).}$$

Bei $K(\zeta_{16p})$

$$\left.\begin{aligned} a &= 0{,}17921 \pm 0{,}02753 \\ b &= 0{,}196007 \pm 0{,}001273 \end{aligned}\right\} \quad \text{(abgeleitet aus } p \text{ von 11 bis 31).}$$

Bei $K(\zeta_{20p})$

$$\left.\begin{aligned} a &= 0{,}16047 \pm 0{,}01659 \\ b &= 0{,}164787 \pm 0{,}000748 \end{aligned}\right\} \quad \text{(abgeleitet aus } p \text{ von 11 bis 31).}$$

Bei $K(\zeta_{24p})$

$$\left.\begin{aligned} a &= 0{,}19539 \pm 0{,}01567 \\ b &= 0{,}170015 \pm 0{,}000725 \end{aligned}\right\} \quad \text{(abgeleitet aus } p \text{ von 11 bis 31).}$$

Bei $K(\zeta_{11p})$

$$\left.\begin{aligned} a &= 0{,}10783 \pm 0{,}04086 \\ b &= 0{,}211184 \pm 0{,}002445 \end{aligned}\right\} \quad \text{(abgeleitet aus } p \text{ von 7 bis 23 ausschließlich 11).}$$

Im allgemeinen ist damit zu rechnen, daß die nach obigen asymptotischen Klassenzahlformeln berechneten Werte sich von den richtigen um ca. 20—40% unterscheiden, eine Unsicherheit, die nicht bedeutend ist, wenn man den Umfang von Größenordnungen bedenkt, den diese Klassenzahlen einnehmen.

Weiter kann über diese Tabelle festgestellt werden, welche Primzahlen irregulär sind, d. h. bei welchen die Klassenzahl des Körpers $K(\zeta_p)$ durch p teilbar ist (dies ist bekanntlich wichtig für den KUMMERschen Teilbeweis des großen FERMATschen Satzes).

Danach sind irregulär (bis 257) folgende Primzahlen

$$p = 37;\ 59;\ 67;\ 101;\ 103;\ 131;\ 149;\ 157;\ 233;\ 257.$$

Dem Institut für Statistik, dessen Vorstand Prof. SAGOROFF, und dessen Assistenten Dr. ROPPERT und Dr. DERFFLINGER möchte ich noch besonders dafür danken, daß mir Rechenzeit für die dort befindliche Burroughs-Datatron-205-Elektronenrechenmaschine zur Verfügung gestellt wurde; Dr. ROPPERT und Dr. DERFFLINGER außerdem auch dafür, daß sie selbst noch einige Faktorenzerlegungen durchgeführt haben und mir im übrigen viele wertvolle Winke zur Programmierung gegeben haben.

$\varphi(f) = 1$

f	
1 (2)	$h^* = 1$

$\varphi(f) = 2$

f	Char.	Ordn.	Grad	Beitrag
3 (6)	χ_3	2	1	1
	$h^* = 1$			
4	χ_4	2	1	1
	$h^* = 1$			

$\varphi(f) = 4$

f	Char.	Ordn.	Grad	Beitrag
5 (10)	χ_5	4	2	1
	$h^* = 1$			
8	$\chi_4\psi_8$	2	1	1
	$h^* = 1$			
12	—	—	—	—
	$h^* = 1$			

$\varphi(f) = 6$

f	Char.	Ordn.	Grad	Beitrag
7 (14)	χ_7^3	2	1	1
	χ_7	6	2	1
	$h^* = 1$			
9 (18)	$\chi_3\psi_9$	6	2	1
	$h^* = 1$			

$\varphi(f) = 8$

f	Char.	Ordn.	Grad	Beitrag
15 (30)	$\chi_3\chi_5^2$	2	1	1
	$h^* = 1$			
16	$\chi_4\psi_{16}$	4	2	1
	$h^* = 1$			

$\varphi(f) = 8$ (Fortsetzung)

f	Char.	Ordn.	Grad	Beitrag
20	$\chi_4\chi_5^2$	2	1	1
	$h^* = 1$			
24	$\psi_8\chi_3$	2	1	1
	$h^* = 1$			

$\varphi(f) = 10$

f	Char.	Ordn.	Grad	Beitrag
11 (22)	χ_{11}^5	2	1	1
	χ_{11}	10	4	1
	$h^* = 1$			

$\varphi(f) = 12$

f	Char.	Ordn.	Grad	Beitrag
13 (26)	χ_{13}^3	4	2	1
	χ_{13}	12	4	1
	$h^* = 1$			
21 (42)	$\chi_3\chi_7^2$	6	2	1
	$h^* = 1$			
28	$\chi_4\chi_7^2$	6	2	1
	$h^* = 1$			
36	$\chi_4\psi_9$	6	2	1
	$h^* = 1$			

$\varphi(f) = 16$

f	Char.	Ordn.	Grad	Beitrag
17 (34)	χ_{17}	16	8	1
	$h^* = 1$			
32	$\chi_4\psi_{32}$	8	4	1
	$h^* = 1$			

$\varphi(f) = 16$ (Fortsetzung)

f	Char.	Ordn.	Grad	Beitrag
40	$\chi_4\psi_8\chi_5^2$	2	1	1
	$\psi_8\chi_5$	4	2	1
	$h^* = 1$			
48	$\psi_{16}\chi_3$	4	2	1
	$h^* = 1$			
60	$\chi_4\chi_3\chi_5$	4	2	2
	$h^* = 1$			

$\varphi(f) = 18$

f	Char.	Ordn.	Grad	Beitrag
19 (38)	χ_{19}^9	2	1	1
	χ_{19}^3	6	2	1
	χ_{19}	18	6	1
	$h^* = 1$			
27 (54)	$\chi_3\psi_{27}$	18	6	1
	$h^* = 1$			

$\varphi(f) = 20$

f	Char.	Ordn.	Grad	Beitrag
25 (50)	$\chi_5\psi_{25}$	20	8	1
	$h^* = 1$			
33 (66)	$\chi_3\chi_{11}^2$	10	4	1
	$h^* = 1$			
44	$\chi_4\chi_{11}^2$	10	4	1
	$h^* = 1$			

$\varphi(f) = 22$

f	Char.	Ordn.	Grad	Beitrag
23 (46)	χ_{23}^{11}	2	1	3
	χ_{23}	22	10	1
	$h^* = 3$			

$\varphi(f) = 24$

f	Char.	Ordn.	Grad	Beitrag
35 (70)	$\chi_5^2\chi_7^3$	2	1	1
	$\chi_5^2\chi_7$	6	2	1
	$\chi_5\chi_7^2$	12	4	1
	$h^* = 1$			
39 (78)	$\chi_3\chi_{13}^6$	2	1	2
	$\chi_3\chi_{13}^4$	6	2	1
	$\chi_3\chi_{13}^2$	6	2	1
	$h^* = 2$			
45 (90)	$\chi_3\psi_9\chi_5^2$	6	2	1
	$\psi_9\chi_5$	12	4	1
	$h^* = 1$			
52	$\chi_4\chi_{13}^6$	2	1	1
	$\chi_4\chi_{13}^4$	6	2	3
	$\chi_4\chi_{13}^2$	6	2	1
	$h^* = 3$			
56	$\chi_4\psi_8\chi_7^2$	6	2	1
	$\psi_8\chi_7^3$	2	1	2
	$\psi_8\chi_7$	6	2	1
	$h^* = 2$			
72	$\chi_4\psi_8\psi_9$	6	2	3
	$\psi_8\chi_3\psi_9$	6	2	1
	$h^* = 3$			
84	$\chi_4\chi_3\chi_7^3$	2	1	2
	$\chi_4\chi_3\chi_7$	6	2	1
	$h^* = 1$			

$\varphi(f) = 28$

f	Char.	Ordn.	Grad	Beitrag
29 (58)	χ_{29}^7	4	2	1
	χ_{29}	28	12	$8 = 2^3$
	$h^* = 8 = 2^3$			

$\varphi(f) = 30$

f	Char.	Ordn.	Grad	Beitrag
31 (62)	χ_{31}^{15}	2	1	3
	χ_{31}^5	6	2	3
	χ_{31}^3	10	4	1
	χ_{31}	30	8	1
	$h^* = 9 = 3^2$			

$\varphi(f) = 32$

f	Char.	Ordn.	Grad	Beitrag
51 (102)	$\chi_3\chi_{17}^8$	2	1	1
	$\chi_3\chi_{17}^4$	4	2	5
	$\chi_3\chi_{17}^2$	8	4	1
	$h^* = 5$			
64	$\chi_4\psi_{64}$	16	8	17
	$h^* = 17$			
68	$\chi_4\chi_{17}^8$	2	1	2
	$\chi_4\chi_{17}^4$	4	2	2
	$\chi_4\chi_{17}^2$	8	4	2
	$h^* = 8 = 2^3$			
80	$\chi_4\psi_{16}\chi_5^2$	4	2	1
	$\psi_{16}\chi_5$	4	2	1
	$\psi_{16}\overline{\chi}_5$	4	2	5
	$h^* = 5$			
96	$\psi_{32}\chi_3$	8	4	$9 = 3^2$
	$h^* = 9 = 3^2$			
120	$\psi_8\chi_3\chi_5^2$	2	1	2
	$\chi_4\psi_8\chi_3\chi_5$	4	2	2
	$h^* = 4 = 2^2$			

$\varphi(f) = 36$

f	Char.	Ordn.	Grad	Beitrag
37 (74)	χ_{37}^9	4	2	1
	χ_{37}^3	12	4	1
	χ_{37}	36	12	37
	$h^* = 37$			
57 (114)	$\chi_3\chi_{19}^6$	6	2	3
	$\chi_3\chi_{19}^2$	18	6	3
	$h^* = 9 = 3^2$			
63 (126)	$\psi_9\chi_7^3$	6	2	1
	$\psi_9\chi_7$	6	2	1
	$\psi_9\overline{\chi}_7$	6	2	7
	$\chi_3\psi_9\chi_7^2$	6	2	1
	$\chi_3\psi_9\overline{\chi}_7^2$	6	2	1
	$h^* = 7$			
76	$\chi_4\chi_{19}^6$	6	2	1
	$\chi_4\chi_{19}^2$	18	6	19
	$h^* = 19$			

$\varphi(f) = 36$ (Fortsetzung)

f	Char.	Ordn.	Grad	Beitrag
108	$\chi_4\psi_{27}$	18	6	19
	$h^* = 19$			

$\varphi(f) = 40$

f	Char.	Ordn.	Grad	Beitrag
41 (82)	χ_{41}^5	8	4	1
	χ_{41}	40	16	$121 = 11^2$
	$h^* = 121 = 11^2$			
55 (110)	$\chi_5^2\chi_{11}^5$	2	1	2
	$\chi_5^2\chi_{11}$	10	4	1
	$\chi_5\chi_{11}^2$	20	8	5
	$h^* = 10 = 2 \cdot 5$			
75 (150)	$\chi_3\psi_{25}$	10	4	11
	$\chi_3\chi_5^2\psi_{25}$	10	4	1
	$h^* = 11$			
88	$\psi_8\chi_{11}^5$	2	1	1
	$\psi_8\chi_{11}$	10	4	11
	$\chi_4\psi_8\chi_{11}^2$	10	4	5
	$h^* = 55 = 5 \cdot 11$			
100	$\chi_4\psi_{25}$	10	4	5
	$\chi_4\chi_5^2\psi_{25}$	10	4	11
	$h^* = 55 = 5 \cdot 11$			
132	$\chi_4\chi_3\chi_{11}^5$	2	1	2
	$\chi_4\chi_3\chi_{11}$	10	4	11
	$h^* = 11$			

$\varphi(f) = 42$

f	Char.	Ordn.	Grad	Beitrag
43 (86)	χ_{43}^{21}	2	1	1
	χ_{43}^7	6	2	1
	χ_{43}^3	14	6	1
	χ_{43}	42	12	211
	$h^* = 211$			
49 (98)	$\chi_7^3\psi_{49}$	14	6	1
	$\chi_7\psi_{49}$	42	12	43
	$h^* = 43$			

$\varphi(f) = 44$

f	Char.	Ordn.	Grad	Beitrag
69 (138)	$\chi_3\chi_{23}^2$	22	10	23
	$h^* = 69 = 3 \cdot 23$			
92	$\chi_4\chi_{23}^2$	22	10	67
	$h^* = 201 = 3 \cdot 67$			

$\varphi(f) = 46$

f	Char.	Ordn.	Grad	Beitrag
47 (94)	χ_{47}^{23}	2	1	5
	χ_{47}	46	22	139
	$h^* = 695 = 5 \cdot 139$			

$\varphi(f) = 48$

f	Char.	Ordn.	Grad	Beitrag
65 (130)	$\chi_5^2\chi_{13}^3$	4	2	1
	$\chi_5^2\chi_{13}$	12	4	$4 = 2^2$
	$\chi_5\chi_{13}^6$	4	2	1
	$\chi_5\chi_{13}^4$	12	4	$4 = 2^2$
	$\chi_5\chi_{13}^2$	12	4	$4 = 2^2$
	$h^* = 64 = 2^6$			
104	$\psi_8\chi_{13}^3$	4	2	1
	$\psi_8\chi_{13}$	12	4	13
	$\chi_4\psi_8\chi_{13}^6$	2	1	3
	$\chi_4\psi_8\chi_{13}^4$	6	2	1
	$\chi_4\psi_8\chi_{13}^2$	6	2	3
	$h^* = 351 = 3^3 \cdot 13$			
105 (210)	$\chi_3\chi_5^2\chi_7^2$	6	2	1
	$\chi_3\chi_5\chi_7^3$	4	2	2
	$\chi_3\chi_5\chi_7$	12	4	13
	$h^* = 13$			
112	$\psi_{16}\chi_7^3$	4	2	2
	$\psi_{16}\chi_7$	12	4	13
	$\chi_4\psi_{16}\chi_7^2$	12	4	$9 = 3^2$
	$h^* = 468 = 2^2 \cdot 3^2 \cdot 13$			
140	$\chi_4\chi_5^2\chi_7^2$	6	2	3
	$\chi_4\chi_5\chi_7^3$	4	2	2
	$\chi_4\chi_5\chi_7$	12	4	13
	$h^* = 39 = 3 \cdot 13$			

$\varphi(f) = 48$ (Fortsetzung)

f	Char.	Ordn.	Grad	Beitrag
144	$\psi_{16}\chi_3\psi_9$	12	4	13
	$\chi_4\psi_{16}\psi_9$	12	4	13
	$h^* = 507 = 3 \cdot 13^2$			
156	$\chi_4\chi_3\chi_{13}^3$	4	2	$4 = 2^2$
	$\chi_4\chi_3\chi_{13}$	12	4	13
	$h^* = 156 = 2^2 \cdot 3 \cdot 13$			
168	$\psi_8\chi_3\chi_7^2$	6	2	3
	$\chi_4\psi_8\chi_3\chi_7^3$	2	1	2
	$\chi_4\psi_8\chi_3\chi_7$	6	2	7
	$h^* = 84 = 2^2 \cdot 3 \cdot 7$			
180	$\chi_4\psi_9\chi_5^2$	6	2	3
	$\chi_4\chi_3\psi_9\chi_5$	12	4	$25 = 5^2$
	$h^* = 75 = 3 \cdot 5^2$			

$\varphi(f) = 52$

f	Char.	Ordn.	Grad	Beitrag
53 (106)	χ_{53}^{13}	4	2	1
	χ_{53}	52	24	4889
	$h^* = 4889$			

$\varphi(f) = 54$

f	Char.	Ordn.	Grad	Beitrag
81 (162)	$\chi_3\psi_{81}$	54	18	2593
	$h^* = 2593$			

$\varphi(f) = 56$

f	Char.	Ordn.	Grad	Beitrag
87 (174)	$\chi_3\chi_{29}^{14}$	2	1	3
	$\chi_3\chi_{29}^4$	14	6	$8 = 2^3$
	$\chi_3\chi_{29}^2$	14	6	$8 = 2^3$
	$h^* = 1536 = 2^9 \cdot 3$			
116	$\chi_4\chi_{29}^{14}$	2	1	3
	$\chi_4\chi_{29}^4$	14	6	$56 = 2^3 \cdot 7$
	$\chi_4\chi_{29}^2$	14	6	$8 = 2^3$
	$h^* = 10752 = 2^9 \cdot 3 \cdot 7$			

$\varphi(f) = 58$

f	Char.	Ordn.	Grad	Beitrag
59 (118)	χ_{59}^{29}	2	1	3
	χ_{59}	58	28	$13747 = 59 \cdot 233$
	$h^* = 41241 = 3 \cdot 59 \cdot 233$			

$\varphi(f) = 60$

f	Char.	Ordn.	Grad	Beitrag
61 (122)	χ_{61}^{15}	4	2	1
	χ_{61}^{5}	12	4	1
	χ_{61}^{3}	20	8	41
	χ_{61}	60	16	1861
	$h^* = 76301 = 41 \cdot 1861$			
77 (154)	$\chi_7^2\chi_{11}^5$	6	2	1
	$\chi_7^2\chi_{11}$	30	8	$16 = 2^4$
	$\chi_7^3\chi_{11}^2$	10	4	5
	$\chi_7\chi_{11}^2$	30	8	$16 = 2^4$
	$h^* = 1280 = 2^8 \cdot 5$			
93 (186)	$\chi_3\chi_{31}^{10}$	6	2	1
	$\chi_3\chi_{31}^{6}$	10	4	5
	$\chi_3\chi_{31}^{2}$	30	8	151
	$h^* = 6795 = 3^2 \cdot 5 \cdot 151$			
99 (198)	$\psi_9\chi_{11}^5$	6	2	3
	$\psi_9\chi_{11}$	30	8	31
	$\chi_3\psi_9\chi_{11}^2$	30	8	31
	$h^* = 2883 = 3 \cdot 31^2$			
124	$\chi_4\chi_{31}^{10}$	6	2	$4 = 2^2$
	$\chi_4\chi_{31}^{6}$	10	4	41
	$\chi_4\chi_{31}^{2}$	30	8	31
	$h^* = 45756 = 2^2 \cdot 3^2 \cdot 31 \cdot 41$			

$\varphi(f) = 64$

f	Char.	Ordn.	Grad	Beitrag
85 (170)	$\chi_5^2\chi_{17}$	16	8	17
	$\chi_5\chi_{17}^8$	4	2	1
	$\chi_5\chi_{17}^4$	4	2	1
	$\chi_5\bar{\chi}_{17}^4$	4	2	5
	$\chi_5\chi_{17}^2$	8	4	1
	$\chi_5\bar{\chi}_{17}^2$	8	4	73
	$h^* = 6205 = 5 \cdot 17 \cdot 73$			

$\varphi(f) = 64$ (Fortsetzung)

f	Char.	Ordn.	Grad	Beitrag
128	$\chi_4\psi_{128}$	32	16	21121
	$h^* = 359057 = 17 \cdot 21121$			
136	$\psi_8\chi_{17}$	16	8	$194 = 2 \cdot 97$
	$\chi_4\psi_8\chi_{17}^8$	2	1	2
	$\chi_4\psi_8\chi_{17}^4$	4	2	2
	$\chi_4\psi_8\chi_{17}^2$	8	4	$18 = 2 \cdot 3^2$
	$h^* = 111744 = 2^7 \cdot 3^2 \cdot 97$			
160	$\chi_4\psi_{32}\chi_5^2$	8	4	17
	$\psi_{32}\chi_5$	8	4	$9 = 3^2$
	$\psi_{32}\bar{\chi}_5$	8	4	41
	$h^* = 31365 = 3^2 \cdot 5 \cdot 17 \cdot 41$			
192	$\chi_3\psi_{64}$	16	8	401
	$h^* = 61353 = 3^2 \cdot 17 \cdot 401$			
204	$\chi_4\chi_3\chi_{17}$	16	8	$772 = 2^2 \cdot 193$
	$h^* = 15440 = 2^4 \cdot 5 \cdot 193$			
240	$\psi_{16}\chi_3\chi_5^2$	4	2	$10 = 2 \cdot 5$
	$\chi_4\psi_{16}\chi_3\chi_5$	4	2	$4 = 2^2$
	$\chi_4\psi_{16}\chi_3\bar{\chi}_5$	4	2	$8 = 2^3$
	$h^* = 6400 = 2^8 \cdot 5^2$			

$\varphi(f) = 66$

f	Char.	Ordn.	Grad	Beitrag
67 (134)	χ_{67}^{33}	2	1	1
	χ_{67}^{11}	6	2	1
	χ_{67}^{3}	22	10	67
	χ_{67}	66	20	12739
	$h^* = 853513 = 67 \cdot 12739$			

$\varphi(f) = 70$

f	Char.	Ordn.	Grad	Beitrag
71 (142)	χ_{71}^{35}	2	1	7
	χ_{71}^{7}	10	4	1
	χ_{71}^{5}	14	6	7
	χ_{71}	70	24	79241
	$h^* = 3\,882809 = 7^2 \cdot 79241$			

$\varphi(f) = 72$

f	Char.	Ordn.	Grad	Beitrag
73 (146)	χ_{73}^{9}	8	4	89
	χ_{73}^{3}	24	8	1
	χ_{73}	72	24	134353
	$h^* = 11\ 957417 = 89 \cdot 134353$			
91 (182)	$\chi_7^2\chi_{13}^{3}$	12	4	$4 = 2^2$
	$\chi_7^2\chi_{13}$	12	4	1
	$\chi_7^2\overline{\chi}_{13}$	12	4	37
	$\chi_7^3\chi_{13}^{6}$	2	1	1
	$\chi_7^3\chi_{13}^{4}$	6	2	1
	$\chi_7^3\chi_{13}^{2}$	6	2	7
	$\chi_7\chi_{13}^{6}$	6	2	$4 = 2^2$
	$\chi_7\chi_{13}^{4}$	6	2	1
	$\chi_7\overline{\chi}_{13}^{4}$	6	2	13
	$\chi_7\chi_{13}^{2}$	6	2	1
	$\chi_7\overline{\chi}_{13}^{2}$	6	2	1
	$h^* = 53872 = 2^4 \cdot 7 \cdot 13 \cdot 37$			
95 (190)	$\chi_5^2\chi_{19}^{9}$	2	1	$4 = 2^2$
	$\chi_5^2\chi_{19}^{3}$	6	2	1
	$\chi_5^2\chi_{19}$	18	6	19
	$\chi_5\chi_{19}^{6}$	12	4	13
	$\chi_5\chi_{19}^{2}$	36	12	109
	$h^* = 107692 = 2^2 \cdot 13 \cdot 19 \cdot 109$			
111 (222)	$\chi_3\chi_{37}^{18}$	2	1	$4 = 2^2$
	$\chi_3\chi_{37}^{12}$	6	2	3
	$\chi_3\chi_{37}^{6}$	6	2	1
	$\chi_3\chi_{37}^{4}$	18	6	$57 = 3 \cdot 19$
	$\chi_3\chi_{37}^{2}$	18	6	19
	$h^* = 480852 = 2^2 \cdot 3^2 \cdot 19^2 \cdot 37$			
117 (234)	$\psi_9\chi_{13}^{3}$	12	4	$9 = 3^2$
	$\psi_9\chi_{13}$	12	4	$9 = 3^2$
	$\psi_9\overline{\chi}_{13}$	12	4	$9 = 3^2$
	$\chi_3\psi_9\chi_{13}^{6}$	6	2	1
	$\chi_3\psi_9\chi_{13}^{4}$	6	2	7
	$\chi_3\psi_9\overline{\chi}_{13}^{4}$	6	2	1
	$\chi_3\psi_9\chi_{13}^{2}$	6	2	13
	$\chi_3\psi_9\overline{\chi}_{13}^{2}$	6	2	1
	$h^* = 132678 = 2 \cdot 3^6 \cdot 7 \cdot 13$			
135 (270)	$\chi_3\psi_{27}\chi_5^2$	18	6	37
	$\psi_{27}\chi_5$	36	12	2053
	$h^* = 75961 = 37 \cdot 2053$			

$\varphi(f) = 72$ (Fortsetzung)

f	Char.	Ordn.	Grad	Beitrag
148	$\chi_4\chi_{37}^{18}$	2	1	1
	$\chi_4\chi_{37}^{12}$	6	2	3
	$\chi_4\chi_{37}^{6}$	6	2	7
	$\chi_4\chi_{37}^{4}$	18	6	$57 = 3 \cdot 19$
	$\chi_4\chi_{37}^{2}$	18	6	109
	$h^* = 4\ 827501 = 3^2 \cdot 7 \cdot 19 \cdot 37 \cdot 109$			
152	$\psi_8\chi_{19}^{9}$	2	1	3
	$\psi_8\chi_{19}^{3}$	6	2	3
	$\psi_8\chi_{19}$	18	6	$57 = 3 \cdot 19$
	$\chi_4\psi_8\chi_{19}^{6}$	6	2	3
	$\chi_4\psi_8\chi_{19}^{2}$	18	6	$57 = 3 \cdot 19$
	$h^* = 1\ 666737 = 3^5 \cdot 19^3$			
216	$\psi_8\chi_3\psi_{27}$	18	6	271
	$\chi_4\psi_8\psi_{27}$	18	6	$111 = 3 \cdot 37$
	$h^* = 1\ 714617 = 3^2 \cdot 19 \cdot 37 \cdot 271$			
228	$\chi_4\chi_3\chi_{19}^{9}$	2	1	2
	$\chi_4\chi_3\chi_{19}^{3}$	6	2	7
	$\chi_4\chi_3\chi_{19}$	18	6	199
	$h^* = 238203 = 3^2 \cdot 7 \cdot 19 \cdot 199$			
252	$\chi_4\psi_9\chi_7^{2}$	6	2	$4 = 2^2$
	$\chi_4\psi_9\overline{\chi}_7^{2}$	6	2	7
	$\chi_4\chi_3\psi_9\chi_7^{3}$	6	2	7
	$\chi_4\chi_3\psi_9\chi_7$	6	2	13
	$\chi_4\chi_3\psi_9\overline{\chi}_7$	6	2	$4 = 2^2$
	$h^* = 71344 = 2^4 \cdot 7^3 \cdot 13$			

$\varphi(f) = 78$

f	Char.	Ordn.	Grad	Beitrag
79 (158)	χ_{79}^{39}	2	1	5
	χ_{79}^{13}	6	2	1
	χ_{79}^{3}	26	12	53
	χ_{79}	78	24	377911
	$h^* = 100\ 146415 = 5 \cdot 53 \cdot 377911$			

$\varphi(f) = 80$

f	Char.	Ordn.	Grad	Beitrag
123 (246)	$\chi_3\chi_{41}^{20}$	2	1	1
	$\chi_3\chi_{41}^{10}$	4	2	17
	$\chi_3\chi_{41}^{8}$	10	4	$16 = 2^4$
	$\chi_3\chi_{41}^{4}$	10	4	$16 = 2^4$
	$\chi_3\chi_{41}^{2}$	20	8	$16 = 2^4$
	$h^* = 8\ 425472 = 2^{12} \cdot 11^2 \cdot 17$			

$\varphi(f) = 80$ (Fortsetzung)

f	Char.	Ordn.	Grad	Beitrag
164	$\chi_4\chi_{41}^{20}$	2	1	$4 = 2^2$
	$\chi_4\chi_{41}^{10}$	4	2	2
	$\chi_4\chi_{41}^{8}$	10	4	5
	$\chi_4\chi_{41}^{4}$	10	4	71
	$\chi_4\chi_{41}^{2}$	20	8	241
	$h^* = 82\ 817240 = 2^3 \cdot 5 \cdot 11^2 \cdot 71 \cdot 241$			
165 (330)	$\chi_3\chi_5^2\chi_{11}^{2}$	10	4	11
	$\chi_3\chi_5\chi_{11}^{5}$	4	2	$4 = 2^2$
	$\chi_3\chi_5\chi_{11}$	20	8	421
	$h^* = 92620 = 2^2 \cdot 5 \cdot 11 \cdot 421$			
176	$\psi_{16}\chi_{11}^{5}$	4	2	5
	$\psi_{16}\chi_{11}$	20	8	$205 = 5 \cdot 41$
	$\chi_4\psi_{16}\chi_{11}^{2}$	20	8	521
	$h^* = 29\ 371375 = 5^3 \cdot 11 \cdot 41 \cdot 521$			
200	$\chi_4\psi_8\psi_{25}$	10	4	11
	$\chi_4\psi_8\chi_5^2\psi_{25}$	10	4	41
	$\psi_8\chi_5\psi_{25}$	20	8	601
	$h^* = 14\ 907805 = 5 \cdot 11^2 \cdot 41 \cdot 601$			
220	$\chi_4\chi_5^2\chi_{11}^{2}$	10	4	31
	$\chi_4\chi_5\chi_{11}^{5}$	4	2	$4 = 2^2$
	$\chi_4\chi_5\chi_{11}$	20	8	1381
	$h^* = 856220 = 2^2 \cdot 5 \cdot 31 \cdot 1381$			
264	$\psi_8\chi_3\chi_{11}^{2}$	10	4	$25 = 5^2$
	$\chi_4\psi_8\chi_3\chi_{11}^{5}$	2	1	$4 = 2^2$
	$\chi_4\psi_8\chi_3\chi_{11}$	10	4	31
	$h^* = 1\ 875500 = 2^2 \cdot 5^3 \cdot 11^2 \cdot 31$			
300	$\chi_4\chi_3\chi_5\psi_{25}$	20	8	2161
	$h^* = 1\ 307405 = 5 \cdot 11^2 \cdot 2161$			

$\varphi(f) = 82$

f	Char.	Ordn.	Grad	Beitrag
83 (166)	χ_{83}^{41}	2	1	3
	χ_{83}	82	40	279 405653
	$h^* = 838\ 216959 = 3 \cdot 279\ 405653$			

$\varphi(f) = 84$

f	Char.	Ordn.	Grad	Beitrag
129 (258)	$\chi_3\chi_{43}^{14}$	6	2	1
	$\chi_3\chi_{43}^{6}$	14	6	$203 = 7 \cdot 29$
	$\chi_3\chi_{43}^{2}$	42	12	883
	$h^* = 37\ 821539 = 7 \cdot 29 \cdot 211 \cdot 883$			
147 (294)	$\chi_3\psi_{49}$	14	6	$203 = 7 \cdot 29$
	$\chi_3\chi_7^2\psi_{49}$	42	12	673
	$h^* = 5\ 874617 = 7 \cdot 29 \cdot 43 \cdot 673$			
172	$\chi_4\chi_{43}^{14}$	6	2	$4 = 2^2$
	$\chi_4\chi_{43}^{6}$	14	6	43
	$\chi_4\chi_{43}^{2}$	42	12	21841
	$h^* = 792\ 653572 = 2^2 \cdot 43 \cdot 211 \cdot 21841$			
196	$\chi_4\psi_{49}$	14	6	71
	$\chi_4\chi_7^2\psi_{49}$	42	12	27091
	$h^* = 82\ 708823 = 43 \cdot 71 \cdot 27091$			

$\varphi(f) = 88$

f	Char.	Ordn.	Grad	Beitrag
89 (178)	χ_{89}^{11}	8	4	113
	χ_{89}	88	40	118 401449
	$h^* = 13379\ 363737 = 113 \cdot 118\ 401449$			
115 (230)	$\chi_5^2\chi_{23}^{11}$	2	1	1
	$\chi_5^2\chi_{23}$	22	10	331
	$\chi_5\chi_{23}^{2}$	44	20	45013
	$h^* = 44\ 697909 = 3 \cdot 331 \cdot 45013$			
184	$\psi_8\chi_{23}^{11}$	2	1	2
	$\psi_8\chi_{23}$	22	10	2399
	$\chi_4\psi_8\chi_{23}^{2}$	22	10	$1541 = 23 \cdot 67$
	$h^* = 1486\ 137318 = 2 \cdot 3 \cdot 23 \cdot 67^2 \cdot 2399$			
276	$\chi_4\chi_3\chi_{23}^{11}$	2	1	$4 = 2^2$
	$\chi_4\chi_3\chi_{23}$	22	10	$14191 = 23 \cdot 617$
	$h^* = 131\ 209986 = 2 \cdot 3 \cdot 23^2 \cdot 67 \cdot 617$			

$\varphi(f) = 92$

f	Char.	Ordn.	Grad	Beitrag
141 (282)	$\chi_3\chi_{47}^{2}$	46	22	$1\ 809641 = 47 \cdot 139 \cdot 277$
	$h^* = 1257\ 700495 = 5 \cdot 47 \cdot 139^2 \cdot 277$			
188	$\chi_4\chi_{47}^{2}$	46	22	$34\ 907699 = 47 \cdot 742717$
	$h^* = 24260\ 850805 = 5 \cdot 47 \cdot 139 \cdot 742717$			

$\varphi(f) = 96$

f	Char.	Ordn.	Grad	Beitrag
97 (194)	χ_{97}^3	32	16	3457
	χ_{97}	96	32	118 982593 = 577 · 206209
	$h^* = 411322\ 824001 = 577 \cdot 3457 \cdot 206209$			
119 (238)	$\chi_7^2\chi_{17}$	48	16	$9409 = 97^2$
	$\chi_7^3\chi_{17}^8$	2	1	5
	$\chi_7^3\chi_{17}^4$	4	2	1
	$\chi_7^3\chi_{17}^2$	8	4	$9 = 3^2$
	$\chi_7\chi_{17}^8$	6	2	1
	$\chi_7\chi_{17}^4$	12	4	13
	$\chi_7\chi_{17}^2$	24	8	$225 = 3^2 \cdot 5^2$
	$h^* = 1238\ 459625 = 3^4 \cdot 5^3 \cdot 13 \cdot 97^2$			
153 (306)	$\psi_9\chi_{17}$	48	16	$62404 = 2^2 \cdot 15601$
	$\chi_3\psi_9\chi_{17}^8$	6	2	$4 = 2^2$
	$\chi_3\psi_9\chi_{17}^4$	12	4	$4 = 2^2$
	$\chi_3\psi_9\chi_{17}^2$	24	8	$484 = 2^2 \cdot 11^2$
	$h^* = 2416\ 282880 = 2^8 \cdot 5 \cdot 11^2 \cdot 15601$			
195 (390)	$\chi_3\chi_5^2\chi_{13}^6$	2	1	2
	$\chi_3\chi_5^2\chi_{13}^4$	6	2	$4 = 2^2$
	$\chi_3\chi_5^2\chi_{13}^2$	6	2	$4 = 2^2$
	$\chi_3\chi_5\chi_{13}^3$	4	2	2
	$\chi_3\chi_5\bar{\chi}_{13}^3$	4	2	$26 = 2 \cdot 13$
	$\chi_3\chi_5\chi_{13}$	12	4	$4 = 2^2$
	$\chi_3\chi_5\bar{\chi}_{13}$	12	4	$52 = 2^2 \cdot 13$
	$h^* = 22\ 151168 = 2^{17} \cdot 13^2$			
208	$\psi_{16}\chi_{13}^3$	4	2	5
	$\psi_{16}\bar{\chi}_{13}^3$	4	2	5
	$\psi_{16}\chi_{13}$	12	4	13
	$\psi_{16}\bar{\chi}_{13}$	12	4	109
	$\chi_4\psi_{16}\chi_{13}^6$	4	2	5
	$\chi_4\psi_{16}\chi_{13}^4$	12	4	13
	$\chi_4\psi_{16}\chi_{13}^2$	12	4	37
	$h^* = 29904\ 190875 = 3^3 \cdot 5^3 \cdot 13^3 \cdot 37 \cdot 109$			
224	$\psi_{32}\chi_7^3$	8	4	$34 = 2 \cdot 17$
	$\psi_{32}\chi_7$	24	8	769
	$\chi_4\psi_{32}\chi_7^2$	24	8	$1225 = 5^2 \cdot 7^2$
	$h^* = 14989\ 501800 = 2^3 \cdot 3^2 \cdot 5^2 \cdot 7^2 \cdot 13 \cdot 17 \cdot 769$			
260	$\chi_4\chi_5^2\chi_{13}^6$	2	1	$4 = 2^2$
	$\chi_4\chi_5^2\chi_{13}^4$	6	2	$4 = 2^2$
	$\chi_4\chi_5^2\chi_{13}^2$	6	2	$4 = 2^2$
	$\chi_4\chi_5\chi_{13}^3$	4	2	$8 = 2^3$
	$\chi_4\chi_5\bar{\chi}_{13}^3$	4	2	$4 = 2^2$
	$\chi_4\chi_5\chi_{13}$	12	4	$52 = 2^2 \cdot 13$
	$\chi_4\chi_5\bar{\chi}_{13}$	12	4	$52 = 2^2 \cdot 13$
	$h^* = 531\ 628032 = 2^{20} \cdot 3 \cdot 13^2$			

$\varphi(f) = 96$ (Fortsetzung)

f	Char.	Ordn.	Grad	Beitrag
280	$\psi_8\chi_5^2\chi_7^3$	2	1	2
	$\psi_8\chi_5^2\chi_7$	6	2	7
	$\psi_8\chi_5\chi_7^2$	12	4	73
	$\chi_4\psi_8\chi_5^2\chi_7^2$	6	2	$9 = 3^2$
	$\chi_4\psi_8\chi_5\chi_7^3$	4	2	$10 = 2 \cdot 5$
	$\chi_4\psi_8\chi_5\chi_7$	12	4	37
	$h^* = 265\ 454280 = 2^3 \cdot 3^3 \cdot 5 \cdot 7 \cdot 13 \cdot 37 \cdot 73$			
288	$\psi_{32}\chi_3\psi_9$	24	8	$4113 = 3^2 \cdot 457$
	$\chi_4\psi_{32}\psi_9$	24	8	1753
	$h^* = 32899\ 636107 = 3^5 \cdot 13^2 \cdot 457 \cdot 1753$			
312	$\psi_8\chi_3\chi_{13}^6$	2	1	2
	$\psi_8\chi_3\chi_{13}^4$	6	2	13
	$\psi_8\chi_3\chi_{13}^2$	6	2	7
	$\chi_4\psi_8\chi_3\chi_{13}^3$	4	2	$8 = 2^3$
	$\chi_4\psi_8\chi_3\chi_{13}$	12	4	61
	$h^* = 1621\ 069632 = 2^6 \cdot 3^3 \cdot 7 \cdot 13^3 \cdot 61$			
336	$\psi_{16}\chi_3\chi_7^2$	12	4	97
	$\chi_4\psi_{16}\chi_3\chi_7^3$	4	2	$8 = 2^3$
	$\chi_4\psi_{16}\chi_3\chi_7$	12	4	61
	$h^* = 930\ 436416 = 2^6 \cdot 3^3 \cdot 7 \cdot 13 \cdot 61 \cdot 97$			
360	$\psi_8\chi_3\psi_9\chi_5^2$	6	2	7
	$\psi_8\psi_9\chi_5$	12	4	109
	$\chi_4\psi_8\psi_9\chi_5^2$	6	2	7
	$\chi_4\psi_8\chi_3\psi_9\chi_5$	12	4	109
	$h^* = 523\ 952100 = 2^2 \cdot 3^2 \cdot 5^2 \cdot 7^2 \cdot 109^2$			
420	$\chi_4\chi_3\chi_5^2\chi_7^3$	2	1	$4 = 2^2$
	$\chi_4\chi_3\chi_5^2\chi_7$	6	2	13
	$\chi_4\chi_3\chi_5\chi_7^2$	12	4	97
	$h^* = 10\ 229232 = 2^4 \cdot 3 \cdot 13^3 \cdot 97$			

$\varphi(f) = 100$

f	Char.	Ordn.	Grad	Beitrag
101 (202)	χ_{101}^{25}	4	2	5
	χ_{101}^{5}	20	8	$25 = 5^2$
	χ_{101}	100	40	$28379\ 235025 = 5^2 \cdot 101 \cdot 601 \cdot 18701$
	$h^* = 3\ 547404\ 378125 = 5^5 \cdot 101 \cdot 601 \cdot 18701$			
125 (250)	$\chi_5\psi_{125}$	100	40	$57708\ 445601 = 2801 \cdot 20\ 602801$
	$h^* = 57708\ 445601 = 2801 \cdot 20\ 602801$			

$\varphi(f) = 102$

f	Char.	Ordn.	Grad	Beitrag
103 (206)	χ_{103}^{51}	2	1	5
	χ_{103}^{17}	6	2	1
	χ_{103}^{3}	34	16	1021
	χ_{103}	102	32	$1776\ 512173 = 103 \cdot 17\ 247691$
	$h^* = 9\ 069094\ 643165 = 5 \cdot 103 \cdot 1021 \cdot 17\ 247691$			

$\varphi(f) = 104$

f	Char.	Ordn.	Grad	Beitrag
159 (318)	$\chi_3\chi_{53}^{26}$	2	1	5
	$\chi_3\chi_{53}^{4}$	26	12	$2809 = 53^2$
	$\chi_3\chi_{53}^{2}$	26	12	3251
	$h^* = 223233\ 182255 = 5 \cdot 53^2 \cdot 3251 \cdot 4889$			
212	$\chi_4\chi_{53}^{26}$	2	1	3
	$\chi_4\chi_{53}^{4}$	26	12	$14209 = 13 \cdot 1093$
	$\chi_4\chi_{53}^{2}$	26	12	32579
	$h^* = 6\ 789574\ 466337 = 3 \cdot 13 \cdot 1093 \cdot 4889 \cdot 32579$			

$\varphi(f) = 106$

f	Char.	Ordn.	Grad	Beitrag
107 (214)	χ_{107}^{53}	2	1	3
	χ_{107}	106	52	$21\ 144977\ 847541 = 743 \cdot 9859 \cdot 2\ 886593$
	$h^* = 63\ 434933\ 542623 = 3 \cdot 743 \cdot 9859 \cdot 2\ 886593$			

$\varphi(f) = 108$

f	Char.	Ordn.	Grad	Beitrag
109 (218)	χ_{109}^{27}	4	2	17
	χ_{109}^{9}	12	4	1
	χ_{109}^{3}	36	12	1009
	χ_{109}	108	36	$9431\ 866153$
	$h^* = 161\ 784800\ 122409 = 17 \cdot 1009 \cdot 9431\ 866153$			
133 (266)	$\chi_7^2\chi_{19}^{9}$	6	2	3
	$\chi_7^2\chi_{19}^{3}$	6	2	3
	$\chi_7^2\bar{\chi}_{19}^{3}$	6	2	3
	$\chi_7^2\chi_{19}$	18	6	$27 = 3^3$
	$\chi_7^2\bar{\chi}_{19}$	18	6	$81 = 3^4$
	$\chi_7^3\chi_{19}^{6}$	6	2	$4 = 2^2$
	$\chi_7^3\chi_{19}^{2}$	18	6	37
	$\chi_7\chi_{19}^{6}$	6	2	13
	$\chi_7\bar{\chi}_{19}^{6}$	6	2	1
	$\chi_7\chi_{19}^{2}$	18	6	19
	$\chi_7\bar{\chi}_{19}^{2}$	18	6	73
	$h^* = 157577\ 452812 = 2^2 \cdot 3^{10} \cdot 13 \cdot 19 \cdot 37 \cdot 73$			

$\varphi(f) = 108$ (Fortsetzung)

f	Char.	Ordn.	Grad	Beitrag
171 (342)	$\psi_9\chi_{19}^9$	6	2	$4 = 2^2$
	$\psi_9\chi_{19}^3$	6	2	7
	$\psi_9\bar{\chi}_{19}^3$	6	2	1
	$\psi_9\chi_{19}$	18	6	163
	$\psi_9\bar{\chi}_{19}$	18	6	73
	$\chi_3\psi_9\chi_{19}^6$	6	2	3
	$\chi_3\psi_9\bar{\chi}_{19}^6$	6	2	3
	$\chi_3\psi_9\chi_{19}^2$	18	6	$57 = 3 \cdot 19$
	$\chi_3\psi_9\bar{\chi}_{19}^2$	18	6	$327 = 3 \cdot 109$
	$h^* = 503009\ 425548 = 2^2 \cdot 3^6 \cdot 7 \cdot 19 \cdot 73 \cdot 109 \cdot 163$			
189 (378)	$\chi_3\psi_{27}\chi_7^2$	18	6	109
	$\chi_3\psi_{27}\bar{\chi}_7^2$	18	6	181
	$\psi_{27}\chi_7^3$	18	6	163
	$\psi_{27}\chi_7$	18	6	127
	$\psi_{27}\bar{\chi}_7$	18	6	37
	$h^* = 105778\ 197511 = 7 \cdot 37 \cdot 109 \cdot 127 \cdot 163 \cdot 181$			
324	$\chi_4\psi_{81}$	54	18	117 132157
	$h^* = 5\ 770749\ 978919 = 19 \cdot 2593 \cdot 117\ 132157$			

$\varphi(f) = 110$

f	Char.	Ordn.	Grad	Beitrag
121 (242)	$\chi_{11}^5\psi_{121}$	22	10	$23651 = 67 \cdot 353$
	$\chi_{11}\psi_{121}$	110	40	$515\ 360561 = 20021 \cdot 25741$
	$h^* = 12\ 188792\ 628211 = 67 \cdot 353 \cdot 20021 \cdot 25741$			

$\varphi(f) = 112$

f	Char.	Ordn.	Grad	Beitrag
113 (226)	χ_{113}^7	16	8	17
	χ_{113}	112	48	$94\ 827764\ 786056 = 2^3 \cdot 11\ 853470\ 598257$
	$h^* = 1612\ 072001\ 362952 = 2^3 \cdot 17 \cdot 11\ 853470\ 598257$			
145 (290)	$\chi_5^2\chi_{29}^7$	4	2	2
	$\chi_5^2\chi_{29}$	28	12	$6056 = 2^3 \cdot 757$
	$\chi_5\chi_{29}^{14}$	4	2	2
	$\chi_5\chi_{29}^4$	28	12	$3368 = 2^3 \cdot 421$
	$\chi_5\chi_{29}^2$	28	12	$2248 = 2^3 \cdot 281$
	$h^* = 1\ 467250\ 393088 = 2^{14} \cdot 281 \cdot 421 \cdot 757$			
232	$\psi_8\chi_{29}^7$	4	2	13
	$\psi_8\chi_{29}$	28	12	$15016 = 2^3 \cdot 1877$
	$\chi_4\psi_8\chi_{29}^{14}$	2	1	1
	$\chi_4\psi_8\chi_{29}^4$	14	6	$344 = 2^3 \cdot 43$
	$\chi_4\psi_8\chi_{29}^2$	14	6	$344 = 2^3 \cdot 43$
	$h^* = 248\ 372639\ 563776 = 2^{18} \cdot 3 \cdot 7 \cdot 13 \cdot 43^2 \cdot 1877$			

$\varphi(f) = 112$ (Fortsetzung)

f	Char.	Ordn.	Grad	Beitrag
348	$\chi_4\chi_3\chi_{29}^7$	4	2	$10 = 2 \cdot 5$
	$\chi_4\chi_3\chi_{29}$	28	12	$570536 = 2^3 \cdot 71317$
	$h^* = 5\ 889026\ 949120 = 2^{18} \cdot 3^2 \cdot 5 \cdot 7 \cdot 71317$			

$\varphi(f) = 116$

f	Char.	Ordn.	Grad	Beitrag
177 (354)	$\chi_3\chi_{59}^2$	58	28	$1981\ 781411 = 523 \cdot 3\ 789257$
	$h^* = 81\ 730647\ 171051 = 3 \cdot 59 \cdot 233 \cdot 523 \cdot 3\ 789257$			
236	$\chi_4\chi_{59}^2$	58	28	109337 677693
	$h^* = 4509\ 195165\ 737013 = 3 \cdot 59 \cdot 233 \cdot 109337\ 677693$			

$\varphi(f) = 120$

f	Char.	Ordn.	Grad	Beitrag
143 (286)	$\chi_{11}^5\chi_{13}^6$	2	1	5
	$\chi_{11}^5\chi_{13}^4$	6	2	7
	$\chi_{11}^5\chi_{13}^2$	6	2	1
	$\chi_{11}\chi_{13}^6$	10	4	5
	$\chi_{11}\chi_{13}^4$	30	8	61
	$\chi_{11}\chi_{13}^2$	30	8	661
	$\chi_{11}^2\chi_{13}^3$	20	8	61
	$\chi_{11}^2\chi_{13}$	60	16	83701
	$h^* = 36\ 027143\ 124175 = 5^2 \cdot 7 \cdot 61^2 \cdot 661 \cdot 83701$			
155 (310)	$\chi_5^2\chi_{31}^{15}$	2	1	2
	$\chi_5^2\chi_{31}^5$	6	2	1
	$\chi_5^2\chi_{31}^3$	10	4	$16 = 2^4$
	$\chi_5^2\chi_{31}$	30	8	631
	$\chi_5\chi_{31}^{10}$	12	4	$9 = 3^3$
	$\chi_5\chi_{31}^6$	20	8	$400 = 2^4 \cdot 5^2$
	$\chi_5\chi_{31}^2$	60	16	129121
	$h^* = 84\ 473643\ 916800 = 2^9 \cdot 3^4 \cdot 5^2 \cdot 631 \cdot 129121$			
175 (350)	$\psi_{25}\chi_7^3$	10	4	$16 = 2^4$
	$\chi_5^2\psi_{25}\chi_7^3$	10	4	$16 = 2^4$
	$\psi_{25}\chi_7$	30	8	601
	$\chi_5^2\psi_{25}\chi_7$	30	8	271
	$\chi_5\psi_{25}\chi_7^2$	60	16	$113521 = 61 \cdot 1861$
	$h^* = 4\ 733255\ 370496 = 2^8 \cdot 61 \cdot 271 \cdot 601 \cdot 1861$			

$\varphi(f) = 120$ (Fortsetzung)

f	Char.	Ordn.	Grad	Beitrag
183 (366)	$\chi_3\chi_{61}^{30}$	2	1	$4 = 2^2$
	$\chi_3\chi_{61}^{20}$	6	2	$4 = 2^2$
	$\chi_3\chi_{61}^{12}$	10	4	$25 = 5^2$
	$\chi_3\chi_{61}^{10}$	6	2	$4 = 2^2$
	$\chi_3\chi_{61}^{6}$	10	4	31
	$\chi_3\chi_{61}^{4}$	30	8	211
	$\chi_3\chi_{61}^{2}$	30	8	$961 = 31^2$
	$h^* = 767\ 392851\ 521600 = 2^6 \cdot 5^2 \cdot 31^3 \cdot 41 \cdot 211 \cdot 1861$			
225 (450)	$\chi_3\psi_9\psi_{25}$	30	8	331
	$\chi_3\psi_9\chi_5^2\psi_{25}$	30	8	2791
	$\psi_9\chi_5\psi_{25}$	60	16	$1\ 493341 = 61 \cdot 24481$
	$h^* = 15\ 175377\ 535571 = 11 \cdot 61 \cdot 331 \cdot 2791 \cdot 24481$			
231 (462)	$\chi_3\chi_7^2\chi_{11}^2$	30	8	$976 = 2^4 \cdot 61$
	$\chi_3\chi_7^3\chi_{11}^5$	2	1	$6 = 2 \cdot 3$
	$\chi_3\chi_7\chi_{11}^5$	6	2	3
	$\chi_3\chi_7^3\chi_{11}$	10	4	11
	$\chi_3\chi_7\chi_{11}$	30	8	$2416 = 2^4 \cdot 151$
	$h^* = 298807\ 787520 = 2^{16} \cdot 3^2 \cdot 5 \cdot 11 \cdot 61 \cdot 151$			
244	$\chi_4\chi_{61}^{30}$	2	1	3
	$\chi_4\chi_{61}^{20}$	6	2	3
	$\chi_4\chi_{61}^{12}$	10	4	$55 = 5 \cdot 11$
	$\chi_4\chi_{61}^{10}$	6	2	3
	$\chi_4\chi_{61}^{6}$	10	4	61
	$\chi_4\chi_{61}^{4}$	30	8	691
	$\chi_4\chi_{61}^{2}$	30	8	6481
	$h^* = 30953\ 273659\ 007535 = 3^3 \cdot 5 \cdot 11 \cdot 41 \cdot 61 \cdot 691 \cdot 1861 \cdot 6481$			
248	$\psi_8\chi_{31}^{15}$	2	1	$4 = 2^2$
	$\psi_8\chi_{31}^{5}$	6	2	$4 = 2^2$
	$\psi_8\chi_{31}^{3}$	10	4	11
	$\psi_8\chi_{31}$	30	8	$6541 = 31 \cdot 211$
	$\chi_4\psi_8\chi_{31}^{10}$	6	2	$4 = 2^2$
	$\chi_4\psi_8\chi_{31}^{6}$	10	4	11
	$\chi_4\psi_8\chi_{31}^{2}$	30	8	5281
	$h^* = 12239\ 782830\ 975744 = 2^8 \cdot 3^2 \cdot 11^2 \cdot 31^2 \cdot 41 \cdot 211 \cdot 5281$			
308	$\chi_4\chi_7^2\chi_{11}^2$	30	8	$2896 = 2^4 \cdot 181$
	$\chi_4\chi_7^3\chi_{11}^5$	2	1	$4 = 2^2$
	$\chi_4\chi_7\chi_{11}^5$	6	2	7
	$\chi_4\chi_7^3\chi_{11}$	10	4	31
	$\chi_4\chi_7\chi_{11}$	30	8	$7936 = 2^8 \cdot 31$
	$h^* = 12\ 767325\ 061120 = 2^{21} \cdot 5 \cdot 7 \cdot 31^2 \cdot 181$			
372	$\chi_4\chi_3\chi_{31}^{15}$	2	1	2
	$\chi_4\chi_3\chi_{31}^{5}$	6	2	$16 = 2^4$
	$\chi_4\chi_3\chi_{31}^{3}$	10	4	41
	$\chi_4\chi_3\chi_{31}$	30	8	13591
	$h^* = 307\ 999672\ 562880 = 2^6 \cdot 3^2 \cdot 5 \cdot 31 \cdot 41^2 \cdot 151 \cdot 13591$			

$\varphi(f) = 120$ (Fortsetzung)

f	Char.	Ordn.	Grad	Beitrag
396	$\chi_4\psi_9\chi_{11}^2$	30	8	19231
	$\chi_4\chi_3\psi_9\chi_{11}^5$	6	2	13
	$\chi_4\chi_3\psi_9\chi_{11}$	30	8	$5611 = 31 \cdot 181$
	$h^* = 44\ 485944\ 574929 = 3 \cdot 11 \cdot 13 \cdot 31^3 \cdot 181 \cdot 19231$			

$\varphi(f) = 126$

f	Char.	Ordn.	Grad	Beitrag
127 (254)	χ_{127}^{63}	2	1	5
	χ_{127}^{21}	6	2	13
	χ_{127}^{9}	14	6	43
	χ_{127}^{7}	18	6	3079
	χ_{127}^{3}	42	12	547
	χ_{127}	126	36	$553\ 286917 = 883 \cdot 626599$
	$h^* = 2\ 604529\ 186263\ 992195 = 5 \cdot 13 \cdot 43 \cdot 547 \cdot 883 \cdot 3079 \cdot 626599$			

$\varphi(f) = 128$

f	Char.	Ordn.	Grad	Beitrag
255 (510)	$\chi_3\chi_5^2\chi_{17}^8$	2	1	$6 = 2 \cdot 3$
	$\chi_3\chi_5^2\chi_{17}^4$	4	2	2
	$\chi_3\chi_5^2\chi_{17}^2$	8	4	$34 = 2 \cdot 17$
	$\chi_3\chi_5\chi_{17}$	16	8	$706 = 2 \cdot 353$
	$\chi_3\chi_5\bar{\chi}_{17}$	16	8	$3778 = 2 \cdot 1889$
	$h^* = 16\ 881405\ 898800 = 2^4 \cdot 3 \cdot 5^2 \cdot 17^2 \cdot 73 \cdot 353 \cdot 1889$			
256	$\chi_4\psi_{256}$	64	32	$29\ 102880\ 226241$
	$h^* = 10\ 449592\ 865393\ 414737 = 17 \cdot 21121 \cdot 29\ 102880\ 226241$			
272	$\psi_{16}\chi_{17}$	16	8	$1154 = 2 \cdot 577$
	$\psi_{16}\bar{\chi}_{17}$	16	8	$3202 = 2 \cdot 1601$
	$\chi_4\psi_{16}\chi_{17}^8$	4	2	$4 = 2^2$
	$\chi_4\psi_{16}\chi_{17}^4$	4	2	$26 = 2 \cdot 13$
	$\chi_4\psi_{16}\bar{\chi}_{17}^4$	4	2	2
	$\chi_4\psi_{16}\chi_{17}^2$	8	4	$34 = 2 \cdot 17$
	$\chi_4\psi_{16}\bar{\chi}_{17}^2$	8	4	$82 = 2 \cdot 41$
	$h^* = 239445\ 927053\ 918208 = 2^{15} \cdot 3^2 \cdot 13 \cdot 17 \cdot 41 \cdot 97 \cdot 577 \cdot 1601$			
320	$\chi_4\psi_{64}\chi_5^2$	16	8	$5729 = 17 \cdot 337$
	$\psi_{64}\chi_5$	16	8	7841
	$\psi_{64}\bar{\chi}_5$	16	8	$1649 = 17 \cdot 97$
	$h^* = 39497\ 094130\ 144005 = 3^2 \cdot 5 \cdot 17^4 \cdot 41 \cdot 97 \cdot 337 \cdot 7841$			
340	$\chi_4\chi_5^2\chi_{17}^8$	2	1	2
	$\chi_4\chi_5^2\chi_{17}^4$	4	2	$8 = 2^3$
	$\chi_4\chi_5^2\chi_{17}^2$	8	4	$100 = 2^2 \cdot 5^2$
	$\chi_4\chi_5\chi_{17}$	16	8	$2372 = 2^2 \cdot 593$
	$\chi_4\chi_5\bar{\chi}_{17}$	16	8	$12868 = 2^2 \cdot 3217$
	$h^* = 1212\ 125245\ 952000 = 2^{12} \cdot 5^3 \cdot 17 \cdot 73 \cdot 593 \cdot 3217$			

$\varphi(f) = 128$ (Fortsetzung)

f	Char.	Ordn.	Grad	Beitrag
384	$\psi_{128}\chi_3$	32	16	$83\ 249729 = 1697 \cdot 49057$
	$h^* = 107878\ 055185\ 500777 = 3^2 \cdot 17 \cdot 401 \cdot 1697 \cdot 21121 \cdot 49057$			
408	$\psi_8\chi_3\chi_{17}^8$	2	1	2
	$\psi_8\chi_3\chi_{17}^4$	4	2	$8 = 2^3$
	$\psi_8\chi_3\chi_{17}^2$	8	4	$164 = 2^2 \cdot 41$
	$\chi_4\psi_8\chi_3\chi_{17}$	16	8	$8324 = 2^2 \cdot 2081$
	$h^* = 4710\ 612981\ 841920 = 2^{16} \cdot 3^2 \cdot 5 \cdot 41 \cdot 97 \cdot 193 \cdot 2081$			
480	$\psi_{32}\chi_3\chi_5^2$	8	4	$98 = 2 \cdot 7^2$
	$\chi_4\psi_{32}\chi_3\chi_5$	8	4	$178 = 2 \cdot 89$
	$\chi_4\psi_{32}\chi_3\overline{\chi}_5$	8	4	$98 = 2 \cdot 7^2$
	$h^* = 617\ 689081\ 497600 = 2^{11} \cdot 3^4 \cdot 5^2 \cdot 7^4 \cdot 17 \cdot 41 \cdot 89$			

$\varphi(f) = 130$

f	Char.	Ordn.	Grad	Beitrag
131 (262)	χ_{131}^{65}	2	1	5
	χ_{131}^{13}	10	4	5
	χ_{131}^{5}	26	12	$1431 = 3^3 \cdot 53$
	χ_{131}	130	48	$796\ 544506\ 758131 = 131 \cdot 1301 \cdot 4673\ 706701$
	$h^* = 28\ 496379\ 729272\ 136525 = 3^3 \cdot 5^2 \cdot 53 \cdot 131 \cdot 1301 \cdot 4673\ 706701$			

$\varphi(f) = 132$

f	Char.	Ordn.	Grad	Beitrag
161 (322)	$\chi_7^2\chi_{23}^{11}$	6	2	3
	$\chi_7^2\chi_{23}$	66	20	$1\ 733491 = 67 \cdot 25873$
	$\chi_7^3\chi_{23}^2$	22	10	$737 = 11 \cdot 67$
	$\chi_7\chi_{23}^2$	66	20	$1\ 481437 = 67 \cdot 22111$
	$h^* = 17033\ 926767\ 658911 = 3^2 \cdot 11 \cdot 67^3 \cdot 22111 \cdot 25873$			
201 (402)	$\chi_3\chi_{67}^{22}$	6	2	$4 = 2^2$
	$\chi_3\chi_{67}^6$	22	10	$5819 = 11 \cdot 23^2$
	$\chi_3\chi_{67}^2$	66	20	$12\ 717739 = 67 \cdot 189817$
	$h^* = 252655\ 290579\ 982532 = 2^2 \cdot 11 \cdot 23^2 \cdot 67^2 \cdot 12739 \cdot 189817$			
207 (414)	$\psi_9\chi_{23}^{11}$	6	2	3
	$\psi_9\chi_{23}$	66	20	$21\ 871279 = 67 \cdot 326437$
	$\chi_3\psi_9\chi_{23}^2$	66	20	$12\ 715957 = 727 \cdot 17491$
	$h^* = 57569\ 648362\ 893621 = 3^2 \cdot 23 \cdot 67 \cdot 727 \cdot 17491 \cdot 326437$			
268	$\chi_4\chi_{67}^{22}$	6	2	7
	$\chi_4\chi_{67}^6$	22	10	$36961 = 23 \cdot 1607$
	$\chi_4\chi_{67}^2$	66	20	$128\ 751019 = 67 \cdot 1\ 921657$
	$h^* = 28\ 431682\ 983759\ 502069 = 7 \cdot 23 \cdot 67^2 \cdot 1607 \cdot 12739 \cdot 1\ 921657$			

$\varphi(f) = 136$

f	Char.	Ordn.	Grad	Beitrag
137 (274)	χ_{137}^{17}	8	4	17
	χ_{137}	136	64	38 053033 539717 704009 = 17 · 47737 · 46 890540 621121
	$h^* = 646\ 901570\ 175200\ 968153 = 17^2 \cdot 47737 \cdot 46\ 890540\ 621121$			

$\varphi(f) = 138$

f	Char.	Ordn.	Grad	Beitrag
139 (278)	χ_{139}^{69}	2	1	3
	χ_{139}^{23}	6	2	3
	χ_{139}^{3}	46	22	611893 = $47^2 \cdot 277$
	χ_{139}	138	44	318 474147 982831 = 277 · 967 · 1188 961909
	$h^* = 1753\ 848916\ 484925\ 681747 = 3^2 \cdot 47^2 \cdot 277^2 \cdot 967 \cdot 1188\ 961909$			

$\varphi(f) = 140$

f	Char.	Ordn.	Grad	Beitrag
213 (426)	$\chi_3\chi_{71}^{14}$	10	4	41
	$\chi_3\chi_{71}^{10}$	14	6	43
	$\chi_3\chi_{71}^{2}$	70	24	3030 989921 = 281 · 421 · 25621
	$h^* = 20\ 748314\ 966568\ 340907 = 7^2 \cdot 41 \cdot 43 \cdot 281 \cdot 421 \cdot 25621 \cdot 79241$			
284	$\chi_4\chi_{71}^{14}$	10	4	71
	$\chi_4\chi_{71}^{10}$	14	6	3277 = 29 · 113
	$\chi_4\chi_{71}^{2}$	70	24	2056 813501 = 281 · 7 319621
	$h^* = 1858\ 128446\ 456993\ 562103 = 7^2 \cdot 29 \cdot 71 \cdot 113 \cdot 281 \cdot 79241 \cdot 7\ 319621$			

$\varphi(f) = 144$

f	Char.	Ordn.	Grad	Beitrag
185 (370)	$\chi_5^2\chi_{37}^{9}$	4	2	5
	$\chi_5^2\chi_{37}^{3}$	12	4	13
	$\chi_5^2\chi_{37}$	36	12	23833
	$\chi_5\chi_{37}^{18}$	4	2	5
	$\chi_5\chi_{37}^{12}$	12	4	49 = 7^2
	$\chi_5\chi_{37}^{6}$	12	4	37
	$\chi_5\chi_{37}^{4}$	36	12	9433
	$\chi_5\chi_{37}^{2}$	36	12	2809 = 53^2
	$h^* = 13\ 767756\ 481797\ 006325 = 5^2 \cdot 7^2 \cdot 13 \cdot 37^2 \cdot 53^2 \cdot 9433 \cdot 23833$			
219 (438)	$\chi_3\chi_{73}^{36}$	2	1	2
	$\chi_3\chi_{73}^{24}$	6	2	12 = $2^2 \cdot 3$
	$\chi_3\chi_{73}^{18}$	4	2	2
	$\chi_3\chi_{73}^{12}$	6	2	4 = 2^2
	$\chi_3\chi_{73}^{8}$	18	6	111 = 3 · 37
	$\chi_3\chi_{73}^{6}$	12	4	64 = 2^6
	$\chi_3\chi_{73}^{4}$	18	6	289 = 17^2
	$\chi_3\chi_{73}^{2}$	36	12	46549
	$h^* = 219\ 406633\ 996698\ 095616 = 2^{12} \cdot 3^2 \cdot 17^2 \cdot 37 \cdot 89 \cdot 46549 \cdot 134353$			

$\varphi(f) = 144$ (Fortsetzung)

f	Char.	Ordn.	Grad	Beitrag
273 (546)	$\chi_3\chi_7^2\chi_{13}^6$	6	2	$4 = 2^2$
	$\chi_3\chi_7^2\chi_{13}^4$	6	2	3
	$\chi_3\chi_7^2\bar{\chi}_{13}^4$	6	2	$12 = 2^2 \cdot 3$
	$\chi_3\chi_7^2\chi_{13}^2$	6	2	$4 = 2^2$
	$\chi_3\chi_7^2\bar{\chi}_{13}^2$	6	2	19
	$\chi_3\chi_7^3\chi_{13}^3$	4	2	$4 = 2^2$
	$\chi_3\chi_7^3\chi_{13}$	12	4	73
	$\chi_3\chi_7\chi_{13}^3$	12	4	$52 = 2^2 \cdot 13$
	$\chi_3\chi_7\chi_{13}$	12	4	$64 = 2^6$
	$\chi_3\chi_7\bar{\chi}_{13}$	12	4	37
	$h^* = 21198\ 594942\ 959616 = 2^{20} \cdot 3^2 \cdot 7 \cdot 13^2 \cdot 19 \cdot 37^2 \cdot 73$			
285 (570)	$\chi_3\chi_5^2\chi_{19}^6$	6	2	3
	$\chi_3\chi_5^2\chi_{19}^2$	18	6	$543 = 3 \cdot 181$
	$\chi_3\chi_5\chi_{19}^9$	4	2	$4 = 2^2$
	$\chi_3\chi_5\chi_{19}^3$	12	4	37
	$\chi_3\chi_5\chi_{19}$	36	12	$294409 = 37 \cdot 73 \cdot 109$
	$h^* = 34397\ 734347\ 893592 = 2^3 \cdot 3^4 \cdot 13 \cdot 19 \cdot 37^2 \cdot 73 \cdot 109^2 \cdot 181$			
292	$\chi_4\chi_{73}^{36}$	2	1	2
	$\chi_4\chi_{73}^{24}$	6	2	3
	$\chi_4\chi_{73}^{18}$	4	2	$20 = 2^2 \cdot 5$
	$\chi_4\chi_{73}^{12}$	6	2	7
	$\chi_4\chi_{73}^8$	18	6	$1299 = 3 \cdot 433$
	$\chi_4\chi_{73}^6$	12	4	181
	$\chi_4\chi_{73}^4$	18	6	577
	$\chi_4\chi_{73}^2$	36	12	$19729 = 109 \cdot 181$
	$h^* = 26883\ 466789\ 548427\ 261560 = 2^3 \cdot 3^2 \cdot 5 \cdot 7 \cdot 89 \cdot 109 \cdot 181^2 \cdot 433 \cdot 577 \cdot 134353$			
296	$\psi_8\chi_{37}^9$	4	2	$25 = 5^2$
	$\psi_8\chi_{37}^3$	12	4	37
	$\psi_8\chi_{37}$	36	12	65881
	$\chi_4\psi_8\chi_{37}^{18}$	2	1	5
	$\chi_4\psi_8\chi_{37}^{12}$	6	2	7
	$\chi_4\psi_8\chi_{37}^6$	6	2	7
	$\chi_4\psi_8\chi_{37}^4$	18	6	397
	$\chi_4\psi_8\chi_{37}^2$	18	6	$289 = 17^2$
	$h^* = 8269\ 489911\ 111632\ 618625 = 3^2 \cdot 5^3 \cdot 7^3 \cdot 17^2 \cdot 19 \cdot 37^2 \cdot 109 \cdot 397 \cdot 65881$			
304	$\psi_{16}\chi_{19}^9$	4	2	5
	$\psi_{16}\chi_{19}^3$	12	4	37
	$\psi_{16}\chi_{19}$	36	12	525241
	$\chi_1\psi_{16}\chi_{19}^6$	12	4	109
	$\chi_4\psi_{16}\chi_{19}^2$	36	12	$99937 = 37^2 \cdot 73$
	$h^* = 1764\ 209801\ 444986\ 506285 = 3^5 \cdot 5 \cdot 19^3 \cdot 37^3 \cdot 73 \cdot 109 \cdot 525241$			

$\varphi(f) = 144$ (Fortsetzung)

f	Char.	Ordn.	Grad	Beitrag
315 (630)	$\psi_9\chi_5^2\chi_7^3$	6	2	$9 = 3^2$
	$\psi_9\chi_5^2\chi_7$	6	2	$12 = 2^2 \cdot 3$
	$\psi_9\chi_5^2\overline{\chi}_7$	6	2	3
	$\chi_3\psi_9\chi_5^2\chi_7^2$	6	2	37
	$\chi_3\psi_9\chi_5^2\overline{\chi}_7^2$	6	2	$4 = 2^2$
	$\psi_9\chi_5\chi_7^2$	12	4	$49 = 7^2$
	$\psi_9\chi_5\overline{\chi}_7^2$	12	4	$148 = 2^2 \cdot 37$
	$\chi_3\psi_9\chi_5\chi_7^3$	12	4	97
	$\chi_3\psi_9\chi_5\chi_7$	12	4	$52 = 2^2 \cdot 13$
	$\chi_3\psi_9\chi_5\overline{\chi}_7$	12	4	$25 = 5^2$
	$h^* = 3990\ 441973\ 190400 = 2^8 \cdot 3^4 \cdot 5^2 \cdot 7^3 \cdot 13^2 \cdot 37^2 \cdot 97$			
364	$\chi_4\chi_7^2\chi_{13}^6$	6	2	$12 = 2^2 \cdot 3$
	$\chi_4\chi_7^2\chi_{13}^4$	6	2	$12 = 2^2 \cdot 3$
	$\chi_4\chi_7^2\overline{\chi}_{13}^4$	6	2	3
	$\chi_4\chi_7^2\chi_{13}^2$	6	2	$9 = 3^2$
	$\chi_4\chi_7^2\overline{\chi}_{13}^2$	6	2	$12 = 2^2 \cdot 3$
	$\chi_4\chi_7^3\chi_{13}^3$	4	2	$26 = 2 \cdot 13$
	$\chi_4\chi_7^3\chi_{13}$	12	4	$25 = 5^2$
	$\chi_4\chi_7\chi_{13}^3$	12	4	$52 = 2^2 \cdot 13$
	$\chi_4\chi_7\chi_{13}$	12	4	$325 = 5^2 \cdot 13$
	$\chi_4\chi_7\overline{\chi}_{13}$	12	4	$52 = 2^2 \cdot 13$
	$h^* = 2\ 153601\ 104578\ 560000 = 2^{14} \cdot 3^7 \cdot 5^4 \cdot 7 \cdot 13^5 \cdot 37$			
380	$\chi_4\chi_5^2\chi_{19}^6$	6	2	7
	$\chi_4\chi_5^2\chi_{19}^2$	18	6	613
	$\chi_4\chi_5\chi_{19}^9$	4	2	$8 = 2^3$
	$\chi_4\chi_5\chi_{19}^3$	12	4	73
	$\chi_4\chi_5\chi_{19}$	36	12	$1\ 216297 = 53^2 \cdot 433$
	$h^* = 3\ 118301\ 079203\ 997232 = 2^4 \cdot 7 \cdot 13 \cdot 19^2 \cdot 53^2 \cdot 73 \cdot 109 \cdot 433 \cdot 613$			
432	$\psi_{16}\chi_3\psi_{27}$	36	12	$2\ 181853 = 37 \cdot 109 \cdot 541$
	$\chi_4\psi_{16}\psi_{27}$	36	12	$1\ 358821$
	$h^* = 859\ 095743\ 251563\ 370449 = 3^2 \cdot 13^2 \cdot 19 \cdot 37^2 \cdot 109 \cdot 271 \cdot 541 \cdot 1\ 358821$			
444	$\chi_4\chi_3\chi_{37}^9$	4	2	$8 = 2^3$
	$\chi_4\chi_3\chi_{37}^3$	12	4	109
	$\chi_4\chi_3\chi_{37}$	36	12	$2\ 024677 = 37 \cdot 54721$
	$h^* = 55\ 382724\ 129516\ 879312 = 2^4 \cdot 3^4 \cdot 7 \cdot 19^3 \cdot 37^2 \cdot 109^2 \cdot 54721$			
456	$\psi_8\chi_3\chi_{19}^6$	6	2	19
	$\psi_8\chi_3\chi_{19}^2$	18	6	487
	$\chi_4\psi_8\chi_3\chi_{19}^9$	2	1	$4 = 2^2$
	$\chi_4\psi_8\chi_3\chi_{19}^3$	6	2	7
	$\chi_4\psi_8\chi_3\chi_{19}$	18	6	3259
	$h^* = 17\ 643537\ 152468\ 843364 = 2^2 \cdot 3^7 \cdot 7^2 \cdot 19^4 \cdot 199 \cdot 487 \cdot 3259$			

$\varphi(f) = 144$ (Fortsetzung)

f	Char.	Ordn.	Grad	Beitrag
468	$\chi_4\psi_9\chi_{13}^6$	6	2	13
	$\chi_4\psi_9\chi_{13}^4$	6	2	$9 = 3^2$
	$\chi_4\psi_9\overline{\chi}_{13}^4$	6	2	$12 = 2^2 \cdot 3$
	$\chi_4\psi_9\chi_{13}^2$	6	2	$16 = 2^4$
	$\chi_4\psi_9\overline{\chi}_{13}^2$	6	2	13
	$\chi_4\chi_3\psi_9\chi_{13}^3$	12	4	181
	$\chi_4\chi_3\psi_9\chi_{13}$	12	4	$121 = 11^2$
	$\chi_4\chi_3\psi_9\overline{\chi}_{13}$	12	4	$100 = 2^2 \cdot 5^2$
	$h^* = 6\ 618931\ 810639\ 948800 = 2^{10} \cdot 3^{10} \cdot 5^2 \cdot 7 \cdot 11^2 \cdot 13^4 \cdot 181$			
504	$\psi_8\psi_9\chi_7^3$	6	2	$9 = 3^2$
	$\psi_8\psi_9\chi_7$	6	2	$21 = 3 \cdot 7$
	$\psi_8\psi_9\overline{\chi}_7$	6	2	$12 = 2^2 \cdot 3$
	$\psi_8\chi_3\psi_9\chi_7^2$	6	2	$12 = 2^2 \cdot 3$
	$\psi_8\chi_3\psi_9\overline{\chi}_7^2$	6	2	$27 = 3^3$
	$\chi_4\psi_8\psi_9\chi_7^2$	6	2	$12 = 2^2 \cdot 3$
	$\chi_4\psi_8\psi_9\overline{\chi}_7^2$	6	2	$9 = 3^2$
	$\chi_4\psi_8\chi_3\psi_9\chi_7^3$	6	2	13
	$\chi_4\psi_8\chi_3\psi_9\chi_7$	6	2	7
	$\chi_4\psi_8\chi_3\psi_9\overline{\chi}_7$	6	2	$16 = 2^4$
	$h^* = 2\ 077452\ 902069\ 895168 = 2^{16} \cdot 3^{13} \cdot 7^6 \cdot 13^2$			
540	$\chi_4\psi_{27}\chi_5^2$	18	6	$4161 = 3 \cdot 19 \cdot 73$
	$\chi_4\chi_3\psi_{27}\chi_5$	36	12	$4\ 202713 = 109 \cdot 38557$
	$h^* = 1\ 892923\ 169092\ 229025 = 3^2 \cdot 5^2 \cdot 19^2 \cdot 37 \cdot 73 \cdot 109 \cdot 2053 \cdot 38557$			

$\varphi(f) = 148$

f	Char.	Ordn.	Grad	Beitrag
149 (298)	χ_{149}^{37}	4	2	$9 = 3^2$
	χ_{149}	148	72	$76431\ 984409\ 686080\ 013689 = 149 \cdot 512\ 966338\ 320040\ 805461$
	$h^* = 687887\ 859687\ 174720\ 123201 = 3^2 \cdot 149 \cdot 512\ 966338\ 320040\ 805461$			

$\varphi(f) = 150$

f	Char.	Ordn.	Grad	Beitrag
151 (302)	χ_{151}^{75}	2	1	7
	χ_{151}^{25}	6	2	1
	χ_{151}^{15}	10	4	281
	χ_{151}^{5}	30	8	$121 = 11^2$
	χ_{151}^{3}	50	20	25951
	χ_{151}	150	40	$377\ 809313\ 842801 = 1\ 207501 \cdot 312\ 885301$
	$h^* = 2\ 333546\ 653547\ 742584\ 439257 = 7 \cdot 11^2 \cdot 281 \cdot 25951 \cdot 1\ 207501 \cdot 312\ 885301$			

$\varphi(f) = 156$

f	Char.	Ordn.	Grad	Beitrag
157 (314)	χ_{157}^{39}	4	2	5
	χ_{157}^{13}	12	4	13
	χ_{157}^{3}	52	24	3 148601
	χ_{157}	156	48	$274770\ 764248\ 345573 = 13 \cdot 157^2 \cdot 1093 \cdot 1873 \cdot 418861$
	$h^* = 56\ 234327\ 700401\ 832767\ 069245 = 5 \cdot 13^2 \cdot 157^2 \cdot 1093 \cdot 1873 \cdot 418861 \cdot 3\ 148601$			
169 (338)	$\chi_{13}^{3}\psi_{169}$	52	24	$8\ 864909 = 1873 \cdot 4733$
	$\chi_{13}\psi_{169}$	156	48	$61646\ 381738\ 569993 = 313 \cdot 196\ 953296\ 289361$
	$h^* = 546489\ 564291\ 684778\ 075637 = 313 \cdot 1873 \cdot 4733 \cdot 196\ 953296\ 289361$			
237 (474)	$\chi_3\chi_{79}^{26}$	6	2	7
	$\chi_3\chi_{79}^{6}$	26	12	$57473 = 13 \cdot 4421$
	$\chi_3\chi_{79}^{2}$	78	24	$3237\ 658867 = 157 \cdot 3433 \cdot 6007$
	$h^* = 130445\ 289884\ 021402\ 281355 = 5 \cdot 7 \cdot 13 \cdot 53 \cdot 157 \cdot 3433 \cdot 4421 \cdot 6007 \cdot 377911$			
316	$\chi_4\chi_{79}^{26}$	6	2	13
	$\chi_4\chi_{79}^{6}$	26	12	$189047 = 79 \cdot 2393$
	$\chi_4\chi_{79}^{2}$	78	24	$89537\ 163313 = 13 \cdot 6887\ 474101$
	$h^* = 22\ 036970\ 003952\ 429517\ 953845 = 5 \cdot 13^2 \cdot 53 \cdot 79 \cdot 2393 \cdot 377911 \cdot 6887\ 474101$			

$\varphi(f) = 160$

f	Char.	Ordn.	Grad	Beitrag
187 (374)	$\chi_{11}^{5}\chi_{17}^{8}$	2	1	1
	$\chi_{11}^{5}\chi_{17}^{4}$	4	2	17
	$\chi_{11}^{5}\chi_{17}^{2}$	8	4	17
	$\chi_{11}\chi_{17}^{8}$	10	4	41
	$\chi_{11}\chi_{17}^{4}$	20	8	241
	$\chi_{11}\chi_{17}^{2}$	40	16	299681
	$\chi_{11}^{2}\chi_{17}$	80	32	$45357\ 932401 = 4801 \cdot 9\ 447601$
	$h^* = 38816\ 037673\ 830728\ 480329 = 17^2 \cdot 41 \cdot 241 \cdot 4801 \cdot 299681 \cdot 9\ 447601$			
205 (410)	$\chi_5^{2}\chi_{41}^{5}$	8	4	$18 = 2 \cdot 3^2$
	$\chi_5^{2}\chi_{41}$	40	16	$629801 = 41 \cdot 15361$
	$\chi_5\chi_{41}^{20}$	4	2	$4 = 2^2$
	$\chi_5\chi_{41}^{10}$	4	2	2
	$\chi_5\bar{\chi}_{41}^{10}$	4	2	$10 = 2 \cdot 5$
	$\chi_5\chi_{41}^{8}$	20	8	$505 = 5 \cdot 101$
	$\chi_5\chi_{41}^{4}$	20	8	661
	$\chi_5\chi_{41}^{2}$	20	8	101
	$\chi_5\bar{\chi}_{41}^{2}$	20	8	$21305 = 5 \cdot 4261$
	$h^* = 78821\ 910689\ 378365\ 476000 = 2^5 \cdot 3^2 \cdot 5^3 \cdot 11^2 \cdot 41 \cdot 101^2 \cdot 661 \cdot 4261 \cdot 15361$			

$\varphi(f) = 160$ (Fortsetzung)

f	Char.	Ordn.	Grad	Beitrag
328	$\psi_8\chi_{41}^5$	8	4	$34 = 2 \cdot 17$
	$\psi_8\chi_{41}$	40	16	35 801081
	$\chi_4\psi_8\chi_{41}^{20}$	2	1	2
	$\chi_4\psi_8\chi_{41}^{10}$	4	2	$10 = 2 \cdot 5$
	$\chi_4\psi_8\chi_{41}^8$	10	4	$505 = 5 \cdot 101$
	$\chi_4\psi_8\chi_{41}^4$	10	4	31
	$\chi_4\psi_8\chi_{41}^2$	20	8	$2605 = 5 \cdot 521$
				$h^* = 82\ 221729\ 062003\ 473169\ 480000 = 2^6 \cdot 5^4 \cdot 11^2 \cdot 17 \cdot 31 \cdot 71 \cdot 101 \cdot 241 \cdot 521 \cdot 35\ 801081$
352	$\psi_{32}\chi_{11}^5$	8	4	113
	$\psi_{32}\chi_{11}$	40	16	$32\ 270321 = 41 \cdot 281 \cdot 2801$
	$\chi_4\psi_{32}\chi_{11}^2$	40	16	$52\ 086721 = 1801 \cdot 28921$
				$h^* = 5\ 578700\ 230786\ 671358\ 855375 = 5^3 \cdot 11 \cdot 41^2 \cdot 113 \cdot 281 \cdot 521 \cdot 1801 \cdot 2801 \cdot 28921$
400	$\psi_{16}\chi_5\psi_{25}$	20	8	26261
	$\psi_{16}\bar{\chi}_5\psi_{25}$	20	8	$3025 = 5^2 \cdot 11^2$
	$\chi_4\psi_{16}\psi_{25}$	20	8	46381
	$\chi_4\psi_{16}\chi_5^2\psi_{25}$	20	8	$6161 = 61 \cdot 101$
				$h^* = 1\ 692044\ 042657\ 239185\ 550625 = 5^4 \cdot 11^4 \cdot 41 \cdot 61 \cdot 101 \cdot 601 \cdot 26261 \cdot 46381$
440	$\psi_8\chi_5^2\chi_{11}^5$	2	1	$6 = 2 \cdot 3$
	$\psi_8\chi_5^2\chi_{11}$	10	4	61
	$\psi_8\chi_5\chi_{11}^2$	20	8	$11041 = 61 \cdot 181$
	$\chi_4\psi_8\chi_5^2\chi_{11}^2$	10	4	$155 = 5 \cdot 31$
	$\chi_4\psi_8\chi_5\chi_{11}^5$	4	2	$8 = 2^3$
	$\chi_4\psi_8\chi_5\chi_{11}$	20	8	15641
				$h^* = 3690\ 827552\ 653792\ 584000 = 2^6 \cdot 3 \cdot 5^3 \cdot 11 \cdot 31^2 \cdot 61^2 \cdot 181 \cdot 1381 \cdot 15641$
492	$\chi_4\chi_3\chi_{41}^5$	8	4	$164 = 2^2 \cdot 41$
	$\chi_4\chi_3\chi_{41}$	40	16	$700\ 890896 = 2^4 \cdot 1321 \cdot 33161$
				$h^* = 331431\ 584848\ 686177\ 320960 = 2^{20} \cdot 5 \cdot 11^2 \cdot 17 \cdot 41 \cdot 71 \cdot 241 \cdot 1321 \cdot 33161$
528	$\psi_{16}\chi_3\chi_{11}^2$	20	8	65521
	$\chi_4\psi_{16}\chi_3\chi_{11}^5$	4	2	$10 = 2 \cdot 5$
	$\chi_4\psi_{16}\chi_3\chi_{11}$	20	8	$30805 = 5 \cdot 61 \cdot 101$
				$h^* = 20215\ 309155\ 022994\ 375000 = 2^3 \cdot 5^7 \cdot 11^2 \cdot 31 \cdot 41 \cdot 61 \cdot 101 \cdot 521 \cdot 65521$
600	$\psi_8\chi_3\psi_{25}$	10	4	$505 = 5 \cdot 101$
	$\psi_8\chi_3\chi_5^2\psi_{25}$	10	4	131
	$\chi_4\psi_8\chi_3\chi_5\psi_{25}$	20	8	76421
				$h^* = 7166\ 325608\ 289022\ 528100 = 2^2 \cdot 5^2 \cdot 11^3 \cdot 41 \cdot 101 \cdot 131 \cdot 601 \cdot 2161 \cdot 76421$
660	$\chi_4\chi_3\chi_5^2\chi_{11}^5$	2	1	$4 = 2^2$
	$\chi_4\chi_3\chi_5^2\chi_{11}$	10	4	181
	$\chi_4\chi_3\chi_5\chi_{11}^2$	20	8	$79525 = 5^2 \cdot 3181$
				$h^* = 20\ 090237\ 237998\ 576000 = 2^7 \cdot 5^3 \cdot 11^2 \cdot 31 \cdot 181 \cdot 421 \cdot 1381 \cdot 3181$

$\varphi(f) = 162$

f	Char.	Ordn.	Grad	Beitrag
163 (326)	χ_{163}^{81}	2	1	1
	χ_{163}^{27}	6	2	$4 = 2^2$
	χ_{163}^{9}	18	6	181
	χ_{163}^{3}	54	18	365473
	χ_{163}	162	54	$10\ 236242\ 046207\ 784393 = 23167 \cdot 441\ 845817\ 162679$
	$h^* = 2708\ 534744\ 692077\ 051875\ 131636 = 2^2 \cdot 181 \cdot 23167 \cdot 365473 \cdot 441\ 845817\ 162679$			
243 (486)	$\chi_3\psi_{243}$	162	54	5764 966319 758245 087799 (keine Primzahl)
	$h^* = 14\ 948557\ 667133\ 129512\ 662807 = 2593 \cdot 5764\ 966319\ 758245\ 087799$			

$\varphi(f) = 164$

f	Char.	Ordn.	Grad	Beitrag
249 (498)	$\chi_3\chi_{83}^2$	82	40	16581 575906 876567
	$h^* = 13\ 898958\ 132089\ 743179\ 099753 = 3 \cdot 279\ 405653 \cdot 16581\ 575906\ 876567$			
332	$\chi_4\chi_{83}^2$	82	40	$2\ 664153\ 634945\ 501481 = 80279 \cdot 612377 \cdot 54\ 192407$
	$h^* = 2233\ 138758\ 192814\ 382133\ 816279 = 3 \cdot 80279 \cdot 612377 \cdot 54\ 192407 \cdot 279\ 405653$			

$\varphi(f) = 166$

f	Char.	Ordn.	Grad	Beitrag
167 (334)	χ_{167}^{83}	2	1	11
	χ_{167}	166	82	$2556\ 471802\ 756630\ 288937\ 762081 = 499 \cdot 5\ 123189\ 985484\ 229035\ 947419$
	$h^* = 28121\ 189830\ 322933\ 178315\ 382891 = 11 \cdot 499 \cdot 5\ 123189\ 985484\ 229035\ 947419$			

$\varphi(f) = 168$

f	Char.	Ordn.	Grad	Beitrag
203 (406)	$\chi_7^2\chi_{29}^7$	12	4	$36 = 2^2 \cdot 3^2$
	$\chi_7^2\chi_{29}$	84	24	207 015901
	$\chi_7^3\chi_{29}^{14}$	2	1	2
	$\chi_7^3\chi_{29}^4$	14	6	$56 = 2^3 \cdot 7$
	$\chi_7^3\chi_{29}^7$	14	6	[illegible]
	$\chi_7\chi_{29}^{14}$	6	2	$4 = 2^2$
	$\chi_7\chi_{29}^4$	42	12	$27349 = 7 \cdot 3907$
	$\chi_7\chi_{29}^2$	42	12	26041
	$h^* = 4\ 413278\ 155436\ 385292\ 173312 = 2^{14} \cdot 3^2 \cdot 7^2 \cdot 29 \cdot 3907 \cdot 26041 \cdot 207\ 015901$			
215 (430)	$\chi_5^2\chi_{43}^{21}$	2	1	7
	$\chi_5^2\chi_{43}^7$	6	2	19
	$\chi_5^2\chi_{43}^3$	14	6	$203 = 7 \cdot 29$
	$\chi_5^2\chi_{43}$	42	12	2017
	$\chi_5\chi_{43}^{14}$	12	4	37
	$\chi_5\chi_{43}^6$	28	12	22709
	$\chi_5\chi_{43}^2$	84	24	$886\ 926181 = 757 \cdot 1\ 171633$
	$h^* = 8\ 562946\ 718506\ 556895\ 170449 = 7^2 \cdot 19 \cdot 29 \cdot 37 \cdot 211 \cdot 757 \cdot 2017 \cdot 22709 \cdot 1\ 171633$			

$\varphi(f) = 168$ (Fortsetzung)

f	Char.	Ordn.	Grad	Beitrag
245 (490)	$\chi_5^2\chi_7^3\psi_{49}$	14	6	127
	$\chi_5^2\chi_7\psi_{49}$	42	12	$106639 = 13^2 \cdot 631$
	$\chi_5\psi_{49}$	28	12	43793
	$\chi_5\chi_7^2\psi_{49}$	84	24	4816 871221
	$h^* = 122845\ 138181\ 874350\ 560487 = 13^2 \cdot 43 \cdot 127 \cdot 631 \cdot 43793 \cdot 4816\ 871221$			
261 (522)	$\psi_9\chi_{29}^7$	12	4	61
	$\psi_9\chi_{29}$	84	24	$4627\ 370749 = 10753 \cdot 430333$
	$\chi_3\psi_9\chi_{29}^{14}$	6	2	3
	$\chi_3\psi_9\chi_{29}^4$	42	12	38011
	$\chi_3\psi_9\chi_{29}^2$	42	12	$371743 = 421 \cdot 883$
	$h^* = 18\ 379288\ 588511\ 605529\ 995776 = 2^9 \cdot 3^2 \cdot 61 \cdot 421 \cdot 883 \cdot 10753 \cdot 38011 \cdot 430333$			
344	$\psi_8\chi_{43}^{21}$	2	1	5
	$\psi_8\chi_{43}^7$	6	2	$4 = 2^2$
	$\psi_8\chi_{43}^3$	14	6	197
	$\psi_8\chi_{43}$	42	12	1 525987
	$\chi_4\psi_8\chi_{43}^{14}$	6	2	$12 = 2^2 \cdot 3$
	$\chi_4\psi_8\chi_{43}^6$	14	6	$203 = 7 \cdot 29$
	$\chi_4\psi_8\chi_{43}^2$	42	12	929419
	$h^* = 10789\ 946893\ 536931\ 852748\ 197440 =$ $= 2^6 \cdot 3 \cdot 5 \cdot 7 \cdot 29 \cdot 43 \cdot 197 \cdot 211 \cdot 21841 \cdot 929419 \cdot 1\ 525987$			
392	$\psi_8\chi_7^3\psi_{49}$	14	6	617
	$\psi_8\chi_7\psi_{49}$	42	12	943741
	$\chi_4\psi_8\psi_{49}$	14	6	953
	$\chi_4\psi_8\chi_7^2\psi_{49}$	42	12	$1\ 220899 = 43 \cdot 28393$
	$h^* = 112\ 070797\ 379361\ 142494\ 415714 = 2 \cdot 43^2 \cdot 71 \cdot 617 \cdot 953 \cdot 27091 \cdot 28393 \cdot 943741$			
516	$\chi_4\chi_3\chi_{43}^{21}$	2	1	$6 = 2 \cdot 3$
	$\chi_4\chi_3\chi_{43}^7$	6	2	$12 = 2^2 \cdot 3$
	$\chi_4\chi_3\chi_{43}^3$	14	6	$3053 = 43 \cdot 71$
	$\chi_4\chi_3\chi_{43}$	42	12	2 490307
	$h^* = 38\ 888604\ 320171\ 861798\ 243568 = 2^4 \cdot 3^2 \cdot 7 \cdot 29 \cdot 43^2 \cdot 71 \cdot 211 \cdot 883 \cdot 21841 \cdot 2\ 490307$			
588	$\chi_4\chi_3\chi_7^3\psi_{49}$	14	6	3571
	$\chi_4\chi_3\chi_7\psi_{49}$	42	12	$11\ 946691 = 2017 \cdot 5923$
	$h^* = 482059\ 253351\ 850013\ 395157 = 7 \cdot 29 \cdot 43 \cdot 71 \cdot 673 \cdot 2017 \cdot 3571 \cdot 5923 \cdot 27091$			

$\varphi(f) = 172$

f	Char.	Ordn.	Grad	Beitrag
173 (346)	χ_{173}^{43}	4	2	5
	χ_{173}	172	84	$340509\ 253330\ 831169\ 503356\ 006853 =$ $= 20297 \cdot 231169 \cdot 72\ 571729\ 362851\ 870621$
	$h^* = 1\ \ 702546\ 266654\ 155847\ 516780\ 034265 = 5 \cdot 20297 \cdot 231169 \cdot 72\ 571729\ 362851\ 870621$			

$\varphi(f) = 176$

f	Char.	Ordn.	Grad	Beitrag
267 (534)	$\chi_3\chi_{89}^{44}$	2	1	1
	$\chi_3\chi_{89}^{22}$	4	2	5
	$\chi_3\chi_{89}^{8}$	22	10	26687
	$\chi_3\chi_{89}^{4}$	22	10	$25829 = 23 \cdot 1123$
	$\chi_3\chi_{89}^{2}$	44	20	$281\ 127397 = 5237 \cdot 53681$
	$h^* = 12963\ 312320\ 905811\ 283854\ 380235 =$ $= 5 \cdot 23 \cdot 113 \cdot 1123 \cdot 5237 \cdot 26687 \cdot 53681 \cdot 118\ 401449$			
345 (690)	$\chi_3\chi_5^2\chi_{23}^2$	22	10	$45749 = 11 \cdot 4159$
	$\chi_3\chi_5\chi_{23}^{11}$	4	2	$10 = 2 \cdot 5$
	$\chi_3\chi_5\chi_{23}$	44	20	$2152\ 502881$
	$h^* = 506186\ 308788\ 058155\ 105915 = 3 \cdot 5 \cdot 11 \cdot 23 \cdot 331 \cdot 4159 \cdot 45013 \cdot 2152\ 502881$			
356	$\chi_4\chi_{89}^{44}$	2	1	$6 = 2 \cdot 3$
	$\chi_4\chi_{89}^{22}$	4	2	$4 = 2^2$
	$\chi_4\chi_{89}^{8}$	22	10	$117139 = 11 \cdot 23 \cdot 463$
	$\chi_4\chi_{89}^{4}$	22	10	19207
	$\chi_4\chi_{89}^{2}$	44	20	$6516\ 152633 = 15269 \cdot 426757$
	$h^* = 4\ \ 707593\ 989354\ 615385\ 004311\ 705592 =$ $= 2^3 \cdot 3 \cdot 11 \cdot 23 \cdot 113 \cdot 463 \cdot 15269 \cdot 19207 \cdot 426757 \cdot 118\ 401449$			
368	$\psi_{16}\chi_{23}^{11}$	4	2	$10 = 2 \cdot 5$
	$\psi_{16}\chi_{23}$	44	20	$7660\ 690753 = 23^2 \cdot 89 \cdot 162713$
	$\chi_4\psi_{16}\chi_{23}^2$	44	20	$2137\ 229413 = 11^2 \cdot 2069 \cdot 8537$
	$h^* = 243320\ 115114\ 433657\ 103908\ 135020 =$ $= 2^2 \cdot 3 \cdot 5 \cdot 11^2 \cdot 23^3 \cdot 67^2 \cdot 89 \cdot 2069 \cdot 2399 \cdot 8537 \cdot 162713$			
460	$\chi_4\chi_5^2\chi_{23}^2$	22	10	$187319 = 11 \cdot 17029$
	$\chi_4\chi_5\chi_{23}^{11}$	4	2	$10 = 2 \cdot 5$
	$\chi_4\chi_5\chi_{23}$	44	20	$70498\ 334237 = 617 \cdot 114\ 259861$
	$h^* = 197\ 739166\ 909616\ 827795\ 207545 =$ $= 3 \cdot 5 \cdot 11 \cdot 67 \cdot 331 \cdot 617 \cdot 17029 \cdot 45013 \cdot 114\ 259861$			
552	$\psi_8\chi_3\chi_{23}^2$	22	10	$247963 = 23 \cdot 10781$
	$\chi_4\psi_8\chi_3\chi_{23}^{11}$	2	1	$4 = 2^2$
	$\chi_4\psi_8\chi_3\chi_{23}$	22	10	$797479 = 23 \cdot 34673$
	$h^* = 767\ 354245\ 926929\ 350377\ 606384 = 2^4 \cdot 3 \cdot 23^5 \cdot 67^2 \cdot 617 \cdot 2399 \cdot 10781 \cdot 34673$			

$\varphi(f) = 178$

f	Char.	Ordn.	Grad	Beitrag
179 (358)	χ_{179}^{89}	2	1	5
	χ_{179}	178	88	$15\ 456315\ 442406\ 059718\ 551394\ 944349 =$ $= 1069 \cdot 14458\ 667392\ 334948\ 286764\ 635121$
	$h^* = 77\ \ 281577\ 212030\ 298592\ 756974\ 721745 =$ $= 5 \cdot 1069 \cdot 14458\ 667392\ 334948\ 286764\ 635121$			

$\varphi(f) = 180$

f	Char.	Ordn.	Grad	Beitrag
181 (362)	χ_{181}^{45}	4	2	$25 = 5^2$
	χ_{181}^{15}	12	4	37
	χ_{181}^{9}	20	8	$205 = 5 \cdot 41$
	χ_{181}^{5}	36	12	2521
	χ_{181}^{3}	60	16	$80581 = 61 \cdot 1321$
	χ_{181}	180	48	5 488435 782589 277701
	$h^* = 211\ 421757\ 749987\ 541697\ 225501\ 539625 =$ $= 5^3 \cdot 37 \cdot 41 \cdot 61 \cdot 1321 \cdot 2521 \cdot 5\ 488435\ 782589\ 277701$			
209 (418)	$\chi_{11}^{2}\chi_{19}^{9}$	10	4	$55 = 5 \cdot 11$
	$\chi_{11}^{2}\chi_{19}^{3}$	30	8	$400 = 2^4 \cdot 5^2$
	$\chi_{11}^{2}\chi_{19}$	90	24	739 979551
	$\chi_{11}^{5}\chi_{19}^{6}$	6	2	$4 = 2^2$
	$\chi_{11}^{5}\chi_{19}^{2}$	18	6	271
	$\chi_{11}\chi_{19}^{6}$	30	8	$976 = 2^4 \cdot 61$
	$\chi_{11}\chi_{19}^{2}$	90	24	264 250891
	$h^* = 4551\ 326160\ 887085\ 824176\ 768000 = 2^{10} \cdot 5^3 \cdot 11 \cdot 61 \cdot 271 \cdot 264\ 250891 \cdot 739\ 979551$			
217 (434)	$\chi_7^{2}\chi_{31}^{15}$	6	2	3
	$\chi_7^{2}\chi_{31}^{5}$	6	2	3
	$\chi_7^{2}\bar{\chi}_{31}^{5}$	6	2	3
	$\chi_7^{2}\chi_{31}^{3}$	30	8	541
	$\chi_7^{2}\chi_{31}$	30	8	17341
	$\chi_7^{2}\bar{\chi}_{31}$	30	8	571
	$\chi_7^{3}\chi_{31}^{10}$	6	2	37
	$\chi_7^{3}\chi_{31}^{6}$	10	4	11
	$\chi_7^{3}\chi_{31}^{2}$	30	8	241
	$\chi_7\chi_{31}^{10}$	6	2	7
	$\chi_7\bar{\chi}_{31}^{10}$	6	2	1
	$\chi_7\chi_{31}^{6}$	30	8	2161
	$\chi_7\chi_{31}^{2}$	30	8	691
	$\chi_7\bar{\chi}_{31}^{2}$	30	8	2791
	$h^* = 3724\ 911233\ 451940\ 358045\ 813517 = 3^5 \cdot 7 \cdot 11 \cdot 37 \cdot 241 \cdot 541 \cdot 571 \cdot 691 \cdot 2161 \cdot 2791 \cdot 17341$			
279 (558)	$\psi_9\chi_{31}^{15}$	6	2	3
	$\psi_9\chi_{31}^{5}$	6	2	3
	$\psi_9\bar{\chi}_{31}^{5}$	6	2	$9 = 3^2$
	$\psi_9\chi_{31}^{3}$	30	8	1321
	$\psi_9\chi_{31}$	30	8	22171
	$\psi_9\bar{\chi}_{31}$	30	8	2551
	$\chi_3\psi_9\chi_{31}^{10}$	6	2	13
	$\chi_3\psi_9\bar{\chi}_{31}^{10}$	6	2	7
	$\chi_3\psi_9\chi_{31}^{6}$	30	8	5011
	$\chi_3\psi_9\chi_{31}^{2}$	30	8	4591
	$\chi_3\psi_9\bar{\chi}_{31}^{2}$	30	8	211
	$h^* = 18164\ 714706\ 446857\ 534815\ 843195 =$ $= 3^6 \cdot 5 \cdot 7 \cdot 13 \cdot 151 \cdot 211 \cdot 1321 \cdot 2551 \cdot 4591 \cdot 5011 \cdot 22171$			
297 (594)	$\chi_3\psi_{27}\chi_{11}^{2}$	90	24	45687 081331
	$\psi_{27}\chi_{11}^{5}$	18	6	$597 = 3 \cdot 199$
	$\psi_{27}\chi_{11}$	90	24	$13719\ 851281 = 8191 \cdot 1\ 674991$
	$h^* = 1078\ 851803\ 253231\ 276755\ 717661 = 3^2 \cdot 31^2 \cdot 199 \cdot 8191 \cdot 1\ 674991 \cdot 45687\ 081331$			

$\varphi(f) = 184$

f	Char.	Ordn.	Grad	Beitrag
235 (470)	$\chi_5^2\chi_{47}^{23}$	2	1	1
	$\chi_5^2\chi_{47}$	46	22	751 245689 = 1657 · 453377
	$\chi_5\chi_{47}^2$	92	44	156604 975201 463093
	$h^* = 81765\ 924684\ 755483\ 300654\ 973515 = 5 \cdot 139 \cdot 1657 \cdot 453377 \cdot 156604\ 975201\ 463093$			
376	$\psi_8\chi_{47}^{23}$	2	1	$4 = 2^2$
	$\psi_8\chi_{47}$	46	22	37437 658303
	$\chi_4\psi_8\chi_{47}^2$	46	22	65409 500591 = 18493 · 3 536987
	$h^* = 237\ 637802\ 564280\ 802840\ 123241\ 975060 =$ $= 2^2 \cdot 5 \cdot 47 \cdot 139 \cdot 18493 \cdot 742717 \cdot 3\ 536987 \cdot 37437\ 658303$			
564	$\chi_4\chi_3\chi_{47}^{23}$	2	1	$4 = 2^2$
	$\chi_4\chi_3\chi_{47}$	46	22	4 919324 899763 = 47 · 139 · 599 · 1 257089
	$h^* = 431950\ 475833\ 835326\ 053345\ 383630 = 2 \cdot 5 \cdot 47^3 \cdot 139^3 \cdot 277 \cdot 599 \cdot 742717 \cdot 1\ 257089$			

$\varphi(f) = 190$

f	Char.	Ordn.	Grad	Beitrag
191 (382)	χ_{191}^{95}	2	1	13
	χ_{191}^{19}	10	4	11
	χ_{191}^{5}	38	18	51263
	χ_{191}	190	72	22509 503028 632908 460809 683251 (keine Primzahl)
	$h^* = 165008\ 365487\ 223656\ 458987\ 611326\ 929859 =$ $= 11 \cdot 13 \cdot 51263 \cdot 22509\ 503028\ 632908\ 460809\ 683251$			

$\varphi(f) = 192$

f	Char.	Ordn.	Grad	Beitrag
193 (386)	χ_{193}^{3}	64	32	192026 280449
	χ_{193}	192	64	2 846574 461763 547323 907009 = = 6529 · 15361 · 29761 · 91969 · 10 369729
	$h^* = 546617\ 105913\ 568165\ 545650\ 752630\ 767041 =$ $= 6529 \cdot 15361 \cdot 29761 \cdot 91969 \cdot 10\ 369729 \cdot 192026\ 280449$			
221 (442)	$\chi_{13}^{6}\chi_{17}$	16	8	$904 = 2^3 \cdot 113$
	$\chi_{13}^{4}\chi_{17}$	48	16	1 584337 = 193 · 8209
	$\chi_{13}^{2}\chi_{17}$	48	16	$1\ 246417 = 31^2 \cdot 1297$
	$\chi_{13}^{3}\chi_{17}^{8}$	4	2	2
	$\chi_{13}\chi_{17}^{8}$	12	4	73
	$\chi_{13}^{3}\chi_{17}^{4}$	4	2	2
	$\chi_{13}^{3}\bar{\chi}_{17}^{4}$	4	2	$10 = 2 \cdot 5$
	$\chi_{13}\chi_{17}^{4}$	12	4	61
	$\chi_{13}\bar{\chi}_{17}^{4}$	12	4	$25 = 5^2$
	$\chi_{13}^{3}\chi_{17}^{2}$	8	4	$612 = 2^2 \cdot 3^2 \cdot 17$
	$\chi_{13}^{3}\bar{\chi}_{17}^{2}$	8	4	$4 = 2^2$
	$\chi_{13}\chi_{17}^{2}$	24	8	3529
	$\chi_{13}\bar{\chi}_{17}^{2}$	24	8	$81 = 3^4$
	$h^* = 5\ 562629\ 629465\ 863945\ 291002\ 496000 =$ $= 2^{10} \cdot 3^6 \cdot 5^3 \cdot 17 \cdot 31^2 \cdot 61 \cdot 73 \cdot 113 \cdot 193 \cdot 1297 \cdot 3529 \cdot 8209$			

$\varphi(f) = 192$ (Fortsetzung)

f	Char.	Ordn.	Grad	Beitrag
291 (582)	$\chi_3\chi_{97}^{48}$	2	1	2
	$\chi_3\chi_{97}^{32}$	6	2	13
	$\chi_3\chi_{97}^{24}$	4	2	$34 = 2 \cdot 17$
	$\chi_3\chi_{97}^{16}$	6	2	7
	$\chi_3\chi_{97}^{12}$	8	4	$34 = 2 \cdot 17$
	$\chi_3\chi_{97}^{8}$	12	4	13
	$\chi_3\chi_{97}^{6}$	16	8	$2978 = 2 \cdot 1489$
	$\chi_3\chi_{97}^{4}$	24	8	5641
	$\chi_3\chi_{97}^{2}$	48	16	8 531233
	$h^* = 161\ 230789\ 161196\ 289366\ 922423\ 524464 =$ $= 2^4 \cdot 7 \cdot 13^2 \cdot 17^2 \cdot 577 \cdot 1489 \cdot 3457 \cdot 5641 \cdot 206209 \cdot 8\ 531233$			
357 (714)	$\chi_3\chi_7^2\chi_{17}^8$	6	2	13
	$\chi_3\chi_7^2\chi_{17}^4$	12	4	37
	$\chi_3\chi_7^2\chi_{17}^2$	24	8	$4753 = 7^2 \cdot 97$
	$\chi_3\chi_7^3\chi_{17}$	16	8	$3746 = 2 \cdot 1873$
	$\chi_3\chi_7\chi_{17}$	48	16	$56\ 739697 = 7^2 \cdot 1\ 157953$
	$h^* = 1504\ 490803\ 465665\ 772083\ 088125 = 3^4 \cdot 5^4 \cdot 7^4 \cdot 13^2 \cdot 37 \cdot 97^3 \cdot 1873 \cdot 1\ 157953$			
388	$\chi_4\chi_{97}^{48}$	2	1	2
	$\chi_4\chi_{97}^{32}$	6	2	$9 = 3^2$
	$\chi_4\chi_{97}^{24}$	4	2	$26 = 2 \cdot 13$
	$\chi_4\chi_{97}^{16}$	6	2	19
	$\chi_4\chi_{97}^{12}$	8	4	$98 = 2 \cdot 7^2$
	$\chi_4\chi_{97}^{8}$	12	4	37
	$\chi_4\chi_{97}^{6}$	16	8	$11714 = 2 \cdot 5857$
	$\chi_4\chi_{97}^{4}$	24	8	13441
	$\chi_4\chi_{97}^{2}$	48	16	69 761089
	$h^* = 145666\ 644086\ 003914\ 044409\ 030660\ 616112 =$ $= 2^4 \cdot 3^2 \cdot 7^2 \cdot 13 \cdot 19 \cdot 37 \cdot 577 \cdot 3457 \cdot 5857 \cdot 13441 \cdot 206209 \cdot 69\ 761089$			
416	$\psi_{32}\chi_{13}^3$	8	4	73
	$\psi_{32}\bar{\chi}_{13}^3$	8	4	241
	$\psi_{32}\chi_{13}$	24	8	$4225 = 5^2 \cdot 13^2$
	$\psi_{32}\bar{\chi}_{13}$	24	8	$20041 = 7^2 \cdot 409$
	$\chi_4\psi_{32}\chi_{13}^6$	8	4	$81 = 3^4$
	$\chi_4\psi_{32}\chi_{13}^4$	24	8	17401
	$\chi_4\psi_{32}\chi_{13}^2$	24	8	$21825 = 3^2 \cdot 5^2 \cdot 97$
	$h^* = 1370\ 350108\ 087898\ 680332\ 276597\ 421875 =$ $= 3^9 \cdot 5^7 \cdot 7^2 \cdot 13^5 \cdot 37 \cdot 73 \cdot 97 \cdot 109 \cdot 241 \cdot 409 \cdot 17401$			
448	$\psi_{64}\chi_7^3$	16	8	$27394 = 2 \cdot 13697$
	$\psi_{64}\chi_7$	48	16	$271\ 809121 = 577 \cdot 471073$
	$\chi_4\psi_{64}\chi_7^2$	48	16	$172\ 851313 = 577 \cdot 299569$
	$h^* = 327\ 965590\ 186830\ 575092\ 883770\ 837200 =$ $= 2^4 \cdot 3^2 \cdot 5^2 \cdot 7^2 \cdot 13 \cdot 17^2 \cdot 577^2 \cdot 769 \cdot 13697 \cdot 299569 \cdot 471073$			

$\varphi(f) = 192$ (Fortsetzung)

f	Char.	Ordn.	Grad	Beitrag
476	$\chi_4\chi_7^2\chi_{17}^8$	6	2	$9 = 3^2$
	$\chi_4\chi_7^2\chi_{17}^4$	12	4	241
	$\chi_4\chi_7^2\chi_{17}^2$	24	8	$11737 = 11^2 \cdot 97$
	$\chi_4\chi_7^3\chi_{17}$	16	8	$27332 = 2^2 \cdot 6833$
	$\chi_4\chi_7\chi_{17}$	48	16	$319\ 052497 = 47^2 \cdot 97 \cdot 1489$
	$h^* = 1\ \ 099745\ 163233\ 204819\ 353212\ 762000 = 2^4 \cdot 3^6 \cdot 5^3 \cdot 11^2 \cdot 13 \cdot 47^2 \cdot 97^4 \cdot 241 \cdot 1489 \cdot 6833$			
520	$\psi_8\chi_5^2\chi_{13}^3$	4	2	$34 = 2 \cdot 17$
	$\psi_8\chi_5^2\chi_{13}$	12	4	$100 = 2^2 \cdot 5^2$
	$\psi_8\chi_5\chi_{13}^6$	4	2	$10 = 2 \cdot 5$
	$\psi_8\chi_5\chi_{13}^4$	12	4	$196 = 2^2 \cdot 7^2$
	$\psi_8\chi_5\chi_{13}^2$	12	4	$148 = 2^2 \cdot 37$
	$\chi_4\psi_8\chi_5^2\chi_{13}^6$	2	1	2
	$\chi_4\psi_8\chi_5^2\chi_{13}^4$	6	2	$12 = 2^2 \cdot 3$
	$\chi_4\psi_8\chi_5^2\chi_{13}^2$	6	2	$28 = 2^2 \cdot 7$
	$\chi_4\psi_8\chi_5\chi_{13}^3$	4	2	$20 = 2^2 \cdot 5$
	$\chi_4\psi_8\chi_5\bar{\chi}_{13}^3$	4	2	$8 = 2^3$
	$\chi_4\psi_8\chi_5\chi_{13}$	12	4	$292 = 2^2 \cdot 73$
	$\chi_4\psi_8\chi_5\bar{\chi}_{13}$	12	4	$148 = 2^2 \cdot 37$
	$h^* = 285052\ 110419\ 192727\ 742709\ 760000 = 2^{42} \cdot 3^4 \cdot 5^4 \cdot 7^3 \cdot 13^3 \cdot 17 \cdot 37^2 \cdot 73$			
560	$\psi_{16}\chi_5^2\chi_7^3$	4	2	$16 = 2^4$
	$\psi_{16}\chi_5^2\chi_7$	12	4	181
	$\psi_{16}\chi_5\chi_7^2$	12	4	193
	$\psi_{16}\bar{\chi}_5\chi_7^2$	12	4	97
	$\chi_4\psi_{16}\chi_5^2\chi_7^2$	12	4	241
	$\chi_4\psi_{16}\chi_5\chi_7^3$	4	2	$10 = 2 \cdot 5$
	$\chi_4\psi_{16}\bar{\chi}_5\chi_7^3$	4	2	$34 = 2 \cdot 17$
	$\chi_4\psi_{16}\chi_5\chi_7$	12	4	409
	$\chi_4\psi_{16}\bar{\chi}_5\chi_7$	12	4	97
	$h^* = 54738\ 664378\ 286829\ 420235\ 392000 = 2^{10} \cdot 3^5 \cdot 5^3 \cdot 7 \cdot 13^2 \cdot 17 \cdot 37 \cdot 73 \cdot 97^2 \cdot 181 \cdot 193 \cdot 241 \cdot 409$			
576	$\psi_{64}\chi_3\psi_9$	48	16	$3280\ 329121 = 1873 \cdot 1\ 751377$
	$\chi_4\psi_{64}\psi_9$	48	16	$1573\ 836529$
	$h^* = 1157\ \ 874338\ 412588\ 470629\ 857952\ 431771 =$ $= 3^5 \cdot 13^2 \cdot 17 \cdot 401 \cdot 457 \cdot 1753 \cdot 1873 \cdot 1\ 751377 \cdot 1573\ 836529$			
612	$\chi_4\psi_9\chi_{17}^8$	6	2	$12 = 2^2 \cdot 3$
	$\chi_4\psi_9\chi_{17}^4$	12	4	$244 = 2^2 \cdot 61$
	$\chi_4\psi_9\chi_{17}^2$	24	8	$70372 = 2^2 \cdot 73 \cdot 241$
	$\chi_4\chi_3\psi_9\chi_{17}$	48	16	$2992\ 541956 = 2^2 \cdot 97 \cdot 7\ 712737$
	$h^* = 4\ \ 600831\ 021854\ 761317\ 711337\ 226240 = 2^{20} \cdot 3 \cdot 5 \cdot 11^2 \cdot 61 \cdot 73 \cdot 97 \cdot 193 \cdot 241 \cdot 15601 \cdot 7\ 712737$			
624	$\psi_{16}\chi_3\chi_{13}^6$	4	2	$18 = 2 \cdot 3^2$
	$\psi_{16}\chi_3\chi_{13}^4$	12	4	$289 = 17^2$
	$\psi_{16}\chi_3\chi_{13}^2$	12	4	$225 = 3^2 \cdot 5^2$
	$\chi_4\psi_{16}\chi_3\chi_{13}^3$	4	2	$10 = 2 \cdot 5$
	$\chi_4\psi_{16}\chi_3\bar{\chi}_{13}^3$	4	2	$34 = 2 \cdot 17$
	$\chi_4\psi_{16}\chi_3\chi_{13}$	12	4	409
	$\chi_4\psi_{16}\chi_3\bar{\chi}_{13}$	12	4	97
	$h^* = 2\ \ 180486\ 664807\ 803314\ 987752\ 000000 = 2^9 \cdot 3^7 \cdot 5^6 \cdot 7 \cdot 13^5 \cdot 17^3 \cdot 37 \cdot 61 \cdot 97 \cdot 109 \cdot 409$			

$\varphi(f) = 192$ (Fortsetzung)

f	Char.	Ordn.	Grad	Beitrag
672	$\psi_{32}\chi_3\chi_7^2$	24	8	$78849 = 3^2 \cdot 8761$
	$\chi_4\psi_{32}\chi_3\chi_7^3$	8	4	$292 = 2^2 \cdot 73$
	$\chi_4\psi_{32}\chi_3\chi_7$	24	8	70969
	$h^* = 438246\ 323791\ 968232\ 985203\ 468800 = 2^9 \cdot 3^7 \cdot 5^2 \cdot 7^3 \cdot 13 \cdot 17 \cdot 61 \cdot 73 \cdot 97 \cdot 769 \cdot 8761 \cdot 70969$			
720	$\psi_{16}\chi_3\psi_9\chi_5^2$	12	4	313
	$\psi_{16}\psi_9\chi_5$	12	4	$361 = 19^2$
	$\psi_{16}\psi_9\bar{\chi}_5$	12	4	$333 = 3^2 \cdot 37$
	$\chi_4\psi_{16}\psi_9\chi_5^2$	12	4	$481 = 13 \cdot 37$
	$\chi_4\psi_{16}\chi_3\psi_9\chi_5$	12	4	313
	$\chi_4\psi_{16}\chi_3\psi_9\bar{\chi}_5$	12	4	277
	$h^* = 222312\ 165238\ 308958\ 816217\ 760000 = 2^8 \cdot 3^4 \cdot 5^4 \cdot 7^2 \cdot 13^3 \cdot 19^2 \cdot 37^2 \cdot 109^2 \cdot 277 \cdot 313^2$			
780	$\chi_4\chi_3\chi_5^2\chi_{13}^3$	4	2	$16 = 2^4$
	$\chi_4\chi_3\chi_5^2\chi_{13}$	12	4	$436 = 2^2 \cdot 109$
	$\chi_4\chi_3\chi_5\chi_{13}^6$	4	2	$20 = 2^2 \cdot 5$
	$\chi_4\chi_3\chi_5\chi_{13}^4$	12	4	$244 = 2^2 \cdot 61$
	$\chi_4\chi_3\chi_5\chi_{13}^2$	12	4	$628 = 2^2 \cdot 157$
	$h^* = 409\ 113496\ 073931\ 085358\ 039040 = 2^{46} \cdot 3 \cdot 5 \cdot 13^5 \cdot 61 \cdot 109 \cdot 157$			
840	$\psi_8\chi_3\chi_5^2\chi_7^2$	6	2	19
	$\psi_8\chi_3\chi_5\chi_7^3$	4	2	$20 = 2^2 \cdot 5$
	$\psi_8\chi_3\chi_5\chi_7$	12	4	397
	$\chi_4\psi_8\chi_3\chi_5^2\chi_7^3$	2	1	$4 = 2^2$
	$\chi_4\psi_8\chi_3\chi_5^2\chi_7$	6	2	$25 = 5^2$
	$\chi_4\psi_8\chi_3\chi_5\chi_7^2$	12	4	$481 = 13 \cdot 37$
	$h^* = 84\ 878288\ 737639\ 882168\ 320000 = 2^{14} \cdot 3^4 \cdot 5^4 \cdot 7^2 \cdot 13^4 \cdot 19 \cdot 37^2 \cdot 73 \cdot 97 \cdot 397$			

$\varphi(f) = 196$

f	Char.	Ordn.	Grad	Beitrag
197 (394)	χ_{197}^{49}	4	2	5
	χ_{197}^{7}	28	12	$15016 = 2^3 \cdot 1877$
	χ_{197}	196	84	$73\ 692091\ 352072\ 465451\ 465020\ 155709 =$ $= 7841 \cdot 9398\ 302684\ 870866\ 656225\ 611549$
	$h^* = 5\ 532802\ 218713\ 600706\ 095993\ 713290\ 631720 =$ $= 2^3 \cdot 5 \cdot 1877 \cdot 7841 \cdot 9398\ 302684\ 870866\ 656225\ 611549$			

$\varphi(f) = 198$

f	Char.	Ordn.	Grad	Beitrag
199 (398)	χ_{199}^{99}	2	1	$9 = 3^2$
	χ_{199}^{33}	6	2	3
	χ_{199}^{11}	18	6	$57 = 3 \cdot 19$
	χ_{199}^{9}	22	10	727
	χ_{199}^{3}	66	20	$25\ 645093$
	χ_{199}	198	60	$656745\ 431977\ 750765\ 844503$ (keine Primzahl)
	$h^* = 18\ 844055\ 286602\ 530802\ 019847\ 012721\ 555487 =$ $= 3^4 \cdot 19 \cdot 727 \cdot 25\ 645093 \cdot 656745\ 431977\ 750765\ 844503$			

$\varphi(f) = 200$

f	Char.	Ordn.	Grad	Beitrag
275 (550)	$\chi_5\psi_{25}\chi_{11}^2$	20	8	$2305 = 5 \cdot 461$
	$\chi_5\psi_{25}\chi_{11}^4$	20	8	$6025 = 5^2 \cdot 241$
	$\chi_5\psi_{25}\bar{\chi}_{11}^4$	20	8	$2705 = 5 \cdot 541$
	$\chi_5\psi_{25}\bar{\chi}_{11}^2$	20	8	$505 = 5 \cdot 101$
	$\psi_{25}\chi_{11}^5$	10	4	$25 = 5^2$
	$\chi_5^2\psi_{25}\chi_{11}^5$	10	4	71
	$\psi_{25}\chi_{11}$	10	4	$55 = 5 \cdot 11$
	$\psi_{25}\chi_{11}^3$	10	4	5
	$\psi_{25}\bar{\chi}_{11}^3$	10	4	$305 = 5 \cdot 61$
	$\psi_{25}\bar{\chi}_{11}$	10	4	$55 = 5 \cdot 11$
	$\chi_5^2\psi_{25}\chi_{11}$	10	4	41
	$\chi_5^2\psi_{25}\chi_{11}^3$	10	4	631
	$\chi_5^2\psi_{25}\bar{\chi}_{11}^3$	10	4	11
	$\chi_5^2\psi_{25}\bar{\chi}_{11}$	10	4	41
	$h^* = 18\ 124664\ 091430\ 165276\ 567871\ 093750 =$ $= 2 \cdot 5^{12} \cdot 11^3 \cdot 41^2 \cdot 61 \cdot 71 \cdot 101 \cdot 241 \cdot 461 \cdot 541 \cdot 631$			
303 (606)	$\chi_3\chi_{101}^{50}$	2	1	5
	$\chi_3\chi_{101}^{20}$	10	4	61
	$\chi_3\chi_{101}^{10}$	10	4	$25 = 5^2$
	$\chi_3\chi_{101}^4$	50	20	1255 817401
	$\chi_3\chi_{101}^2$	50	20	$955\ 060025 = 5^2 \cdot 5701 \cdot 6701$
	$h^* = 32442\ 006711\ 177310\ 012824\ 426376\ 953125 =$ $= 5^{10} \cdot 61 \cdot 101 \cdot 601 \cdot 5701 \cdot 6701 \cdot 18701 \cdot 1255\ 817401$			
375 (750)	$\chi_3\psi_{125}$	50	20	$2956\ 286401 = 12101 \cdot 244301$
	$\chi_3\chi_5^2\psi_{125}$	50	20	12007 682201
	$h^* = 22\ 533972\ 115769\ 639175\ 905217\ 196211 =$ $= 11 \cdot 2801 \cdot 12101 \cdot 244301 \cdot 20\ 602801 \cdot 12007\ 682201$			
404	$\chi_4\chi_{101}^{50}$	2	1	7
	$\chi_4\chi_{101}^{20}$	10	4	$205 = 5 \cdot 41$
	$\chi_4\chi_{101}^{10}$	10	4	61
	$\chi_4\chi_{101}^4$	50	20	$9464\ 948005 = 5 \cdot 1892\ 989601$
	$\chi_4\chi_{101}^2$	50	20	$9581\ 385301 = 101 \cdot 2351 \cdot 40351$
	$h^* = 28\ 160409\ 852152\ 369458\ 876449\ 426375\ 546875 =$ $= 5^7 \cdot 7 \cdot 41 \cdot 61 \cdot 101^2 \cdot 601 \cdot 2351 \cdot 18701 \cdot 40351 \cdot 1892\ 989601$			
500	$\chi_4\psi_{125}$	50	20	$189102\ 178505 = 5 \cdot 401 \cdot 94\ 315301$
	$\chi_4\chi_5^2\psi_{125}$	50	20	33728 676001
	$h^* = 20244\ 072859\ 233305\ 618155\ 148176\ 257775 =$ $= 5^2 \cdot 11 \cdot 401 \cdot 2801 \cdot 20\ 602801 \cdot 94\ 315301 \cdot 33728\ 676001$			

$\varphi(f) = 204$

f	Char.	Ordn.	Grad	Beitrag
309 (618)	$\chi_3\chi_{103}^{34}$	6	2	$16 = 2^4$
	$\chi_3\chi_{103}^{6}$	34	16	$13\ 403837 = 17 \cdot 239 \cdot 3299$
	$\chi_3\chi_{103}^{2}$	102	32	$185\ 507840\ 207827 = 103 \cdot 233683 \cdot 7\ 707223$
	$h^* = 360807\ \ 306655\ 167078\ 388646\ 788532\ 317360 =$ $= 2^4 \cdot 5 \cdot 17 \cdot 103^2 \cdot 239 \cdot 1021 \cdot 3299 \cdot 233683 \cdot 7\ 707223 \cdot 17\ 247691$			
412	$\chi_4\chi_{103}^{34}$	6	2	7
	$\chi_4\chi_{103}^{6}$	34	16	125 998867
	$\chi_4\chi_{103}^{2}$	102	32	$38929\ 671746\ 919013 = 2347 \cdot 306511 \cdot 54\ 115489$
	$h^* = 311\ 393365\ \ 861041\ 316591\ 357682\ 493761\ 574005 =$ $= 5 \cdot 7 \cdot 103 \cdot 1021 \cdot 2347 \cdot 306511 \cdot 17\ 247691 \cdot 54\ 115489 \cdot 125\ 998867$			

$\varphi(f) = 208$

f	Char.	Ordn.	Grad	Beitrag
265 (530)	$\chi_5^2\chi_{53}^{13}$	4	2	5
	$\chi_5^2\chi_{53}$	52	24	8519 216837
	$\chi_5\chi_{53}^{26}$	4	2	5
	$\chi_5\chi_{53}^{4}$	52	24	$12517\ 845913 = 1093 \cdot 11\ 452741$
	$\chi_5\chi_{53}^{2}$	52	24	$12996\ 951553 = 53 \cdot 12377 \cdot 19813$
	$h^* = 169406\ \ 792495\ 647432\ 946133\ 820476\ 066925 =$ $= 5^2 \cdot 53 \cdot 1093 \cdot 4889 \cdot 12377 \cdot 19813 \cdot 11\ 452741 \cdot 8519\ 216837$			
424	$\psi_8\chi_{53}^{13}$	4	2	$9 = 3^2$
	$\psi_8\chi_{53}$	52	24	$2\ 623597\ 674101 = 677 \cdot 3875\ 328913$
	$\chi_4\psi_8\chi_{53}^{26}$	2	1	3
	$\chi_4\psi_8\chi_{53}^{4}$	26	12	$1\ 064051 = 79 \cdot 13469$
	$\chi_4\psi_8\chi_{53}^{2}$	26	12	2 805713
	$h^* = 1435\ 850573\ \ 295225\ 659918\ 796765\ 068953\ 277637 =$ $= 3^4 \cdot 13 \cdot 79 \cdot 677 \cdot 1093 \cdot 4889 \cdot 13469 \cdot 32579 \cdot 2\ 805713 \cdot 3875\ 328913$			
636	$\chi_4\chi_3\chi_{53}^{13}$	4	2	$26 = 2 \cdot 13$
	$\chi_4\chi_3\chi_{53}$	52	24	$279\ 697970\ 856421 = 13 \cdot 1093 \cdot 19684\ 564069$
	$h^* = 1\ 127233\ \ 629616\ 849856\ 487768\ 072597\ 188295 =$ $= 3 \cdot 5 \cdot 13^3 \cdot 53^2 \cdot 1093^2 \cdot 3251 \cdot 4889 \cdot 32579 \cdot 19684\ 564069$			

$\varphi(f) = 210$

f	Char.	Ordn.	Grad	Beitrag
211 (422)	χ_{211}^{105}	2	1	3
	χ_{211}^{35}	6	2	$21 = 3 \cdot 7$
	χ_{211}^{21}	10	4	41
	χ_{211}^{15}	14	6	281
	χ_{211}^{7}	30	8	181
	χ_{211}^{5}	42	12	$2947 = 7 \cdot 421$
	χ_{211}^{3}	70	24	$244\ 419701 = 71 \cdot 281 \cdot 12251$
	χ_{211}	210	48	$520\ 329798\ 148789\ 682971 = 1051 \cdot 113\ 981701 \cdot 4343\ 510221$

$h^* = 49238\ 446584\ \ 179914\ 120276\ 706365\ 116286\ 443831 =$
$= 3^2 \cdot 7^2 \cdot 41 \cdot 71 \cdot 181 \cdot 281^2 \cdot 421 \cdot 1051 \cdot 12251 \cdot 113\ 981701 \cdot 4343\ 510221$

$\varphi(f) = 212$

f	Char.	Ordn.	Grad	Beitrag
321 (642)	$\chi_3\chi_{107}^{2}$	106	52	$655751\ 385127\ 700219\ 305187 = 10\ 109009 \cdot 64868\ 018727\ 424243$

$h^* = 41\ 597545\ \ 536058\ 643707\ 857919\ 997509\ 485501 =$
$= 3 \cdot 743 \cdot 9859 \cdot 2\ 886593 \cdot 10\ 109009 \cdot 64868\ 018727\ 424243$

f	Char.	Ordn.	Grad	Beitrag
428	$\chi_4\chi_{107}^{2}$	106	52	$1108\ 230719\ 414325\ 961150\ 189879 =$ $= 3181 \cdot 348390\ 669416\ 638151\ 886259$

$h^* = 70300\ 542035\ \ 941044\ 246482\ 693928\ 842589\ 712617 =$
$= 3 \cdot 743 \cdot 3181 \cdot 9859 \cdot 2\ 886593 \cdot 348390\ 669416\ 638151\ 886259$

$\varphi(f) = 216$

f	Char.	Ordn.	Grad	Beitrag
247 (494)	$\chi_{13}^{6}\chi_{19}^{9}$	2	1	3
	$\chi_{13}^{6}\chi_{19}^{3}$	6	2	3
	$\chi_{13}^{6}\chi_{19}$	18	6	$543 = 3 \cdot 181$
	$\chi_{13}^{4}\chi_{19}^{9}$	6	2	13
	$\chi_{13}^{4}\chi_{19}^{3}$	6	2	7
	$\chi_{13}^{4}\bar{\chi}_{19}^{3}$	6	2	1
	$\chi_{13}^{4}\chi_{19}$	18	6	163
	$\chi_{13}^{4}\bar{\chi}_{19}$	18	6	$1387 = 19 \cdot 73$
	$\chi_{13}^{2}\chi_{19}^{9}$	6	2	3
	$\chi_{13}^{2}\chi_{19}^{3}$	6	2	$21 = 3 \cdot 7$
	$\chi_{13}^{2}\bar{\chi}_{19}^{3}$	6	2	$9 = 3^2$
	$\chi_{13}^{2}\chi_{19}$	18	6	$57 = 3 \cdot 19$
	$\chi_{13}^{2}\bar{\chi}_{19}$	18	6	$381 = 3 \cdot 127$
	$\chi_{13}^{3}\chi_{19}^{6}$	12	4	$25 = 5^2$
	$\chi_{13}^{3}\chi_{19}^{2}$	36	12	$73657 = 73 \cdot 1009$
	$\chi_{13}\chi_{19}^{6}$	12	4	157
	$\chi_{13}\bar{\chi}_{19}^{6}$	12	4	13
	$\chi_{13}\chi_{19}^{2}$	36	12	$43273 = 109 \cdot 397$
	$\chi_{13}\bar{\chi}_{19}^{2}$	36	12	$66817 = 109 \cdot 613$

$h^* = 13\ 453389\ \ 127871\ 713260\ 541632\ 243338\ 018775 =$
$= 3^9 \cdot 5^2 \cdot 7^2 \cdot 13^2 \cdot 19^2 \cdot 73^2 \cdot 109^2 \cdot 127 \cdot 157 \cdot 163 \cdot 181 \cdot 397 \cdot 613 \cdot 1009$

$\varphi(f) = 216$ (Fortsetzung)

f	Char.	Ordn.	Grad	Beitrag
259 (518)	$\chi_7^2\chi_{37}^9$	12	4	$117 = 3^2 \cdot 13$
	$\chi_7^2\chi_{37}^3$	12	4	$9 = 3^2$
	$\chi_7^2\bar{\chi}_{37}^3$	12	4	$117 = 3^2 \cdot 13$
	$\chi_7^2\chi_{37}$	36	12	$127341 = 3^2 \cdot 14149$
	$\chi_7^2\bar{\chi}_{37}$	36	12	$47961 = 3^2 \cdot 73^2$
	$\chi_7^3\chi_{37}^{18}$	2	1	2
	$\chi_7^3\chi_{37}^{12}$	6	2	$9 = 3^2$
	$\chi_7^3\chi_{37}^6$	6	2	7
	$\chi_7^3\chi_{37}^4$	18	6	$171 = 3^2 \cdot 19$
	$\chi_7^3\chi_{37}^2$	18	6	$289 = 17^2$
	$\chi_7\chi_{37}^{18}$	6	2	7
	$\chi_7\chi_{37}^{12}$	6	2	3
	$\chi_7\bar{\chi}_{37}^{12}$	6	2	$21 = 3 \cdot 7$
	$\chi_7\chi_{37}^6$	6	2	1
	$\chi_7\bar{\chi}_{37}^6$	6	2	19
	$\chi_7\chi_{37}^4$	18	6	$657 = 3^2 \cdot 73$
	$\chi_7\bar{\chi}_{37}^4$	18	6	$171 = 3^2 \cdot 19$
	$\chi_7\chi_{37}^2$	18	6	271
	$\chi_7\bar{\chi}_{37}^2$	18	6	$343 = 7^3$
	$h^* = 15\ 168897\ \ 693915\ 178656\ 178325\ 215530\ 382842 =$ $= 2 \cdot 3^{20} \cdot 7^6 \cdot 13^2 \cdot 17^2 \cdot 19^3 \cdot 37 \cdot 73^3 \cdot 271 \cdot 14149$			
327 (654)	$\chi_3\chi_{109}^{54}$	2	1	$6 = 2 \cdot 3$
	$\chi_3\chi_{109}^{36}$	6	2	3
	$\chi_3\chi_{109}^{18}$	6	2	$39 = 3 \cdot 13$
	$\chi_3\chi_{109}^{12}$	18	6	$1137 = 3 \cdot 379$
	$\chi_3\chi_{109}^6$	18	6	$111 = 3 \cdot 37$
	$\chi_3\chi_{109}^4$	54	18	$339\ 642399 = 3 \cdot 2377 \cdot 47629$
	$\chi_3\chi_{109}^2$	54	18	$103\ 397799 = 3 \cdot 34\ 465933$
	$h^* = 503\ 374795\ \ 561927\ 637884\ 794232\ 382274\ 404226 =$ $= 2 \cdot 3^7 \cdot 13 \cdot 17 \cdot 37 \cdot 379 \cdot 1009 \cdot 2377 \cdot 47629 \cdot 34\ 465933 \cdot 9431\ 866153$			
333 (666)	$\psi_9\chi_{37}^9$	12	4	$100 = 2^2 \cdot 5^2$
	$\psi_9\chi_{37}^3$	12	4	$169 = 13^2$
	$\psi_9\bar{\chi}_{37}^3$	12	4	$25 = 5^2$
	$\psi_9\chi_{37}$	36	12	561529
	$\psi_9\bar{\chi}_{37}$	36	12	111637
	$\chi_3\psi_9\chi_{37}^{18}$	6	2	$4 = 2^2$
	$\chi_3\psi_9\chi_{37}^{12}$	6	2	$21 = 3 \cdot 7$
	$\chi_3\psi_9\bar{\chi}_{37}^{12}$	6	2	3
	$\chi_3\psi_9\chi_{37}^6$	6	2	43
	$\chi_3\psi_9\bar{\chi}_{37}^6$	6	2	7
	$\chi_3\psi_9\chi_{37}^4$	18	6	$1083 = 3 \cdot 19^2$
	$\chi_3\psi_9\bar{\chi}_{37}^4$	18	6	$219 = 3 \cdot 73$
	$\chi_3\psi_9\chi_{37}^2$	18	6	$703 = 19 \cdot 37$
	$\chi_3\psi_9\bar{\chi}_{37}^2$	18	6	523
	$h^* = 84\ 239369\ \ 799126\ 310123\ 807613\ 556409\ 560000 =$ $= 2^6 \cdot 3^6 \cdot 5^4 \cdot 7^2 \cdot 13^2 \cdot 19^5 \cdot 37^2 \cdot 43 \cdot 73 \cdot 523 \cdot 111637 \cdot 561529$			

$\varphi(f) = 216$ (Fortsetzung)

f	Char.	Ordn.	Grad	Beitrag
351 (702)	$\chi_3\psi_{27}\chi_{13}^{6}$	18	6	631
	$\chi_3\psi_{27}\chi_{13}^{4}$	18	6	$1387 = 19 \cdot 73$
	$\chi_3\psi_{27}\overline{\chi}_{13}^{4}$	18	6	$361 = 19^2$
	$\chi_3\psi_{27}\chi_{13}^{2}$	18	6	$703 = 19 \cdot 37$
	$\chi_3\psi_{27}\overline{\chi}_{13}^{2}$	18	6	$361 = 19^2$
	$\psi_{27}\chi_{13}^{3}$	36	12	$1\ 229913 = 3^2 \cdot 136657$
	$\psi_{27}\chi_{13}$	36	12	$779553 = 3^2 \cdot 37 \cdot 2341$
	$\psi_{27}\overline{\chi}_{13}$	36	12	$282537 = 3^2 \cdot 31393$
	$h^* = 2\ 881839\ \ 794389\ 013705\ 029278\ 932481\ 257394 =$ $= 2 \cdot 3^{12} \cdot 7 \cdot 13 \cdot 19^6 \cdot 37^2 \cdot 73 \cdot 631 \cdot 2341 \cdot 31393 \cdot 136657$			
399 (798)	$\chi_3\chi_7^2\chi_{19}^{6}$	6	2	$12 = 2^2 \cdot 3$
	$\chi_3\chi_7^2\overline{\chi}_{19}^{6}$	6	2	3
	$\chi_3\chi_7^2\chi_{19}^{2}$	18	6	$513 = 3^3 \cdot 19$
	$\chi_3\chi_7^2\overline{\chi}_{19}^{2}$	18	6	$1971 = 3^3 \cdot 73$
	$\chi_3\chi_7^3\chi_{19}^{9}$	2	1	$8 = 2^3$
	$\chi_3\chi_7^3\chi_{19}^{3}$	6	2	$4 = 2^2$
	$\chi_3\chi_7^3\chi_{19}$	18	6	829
	$\chi_3\chi_7\chi_{19}^{9}$	6	2	7
	$\chi_3\chi_7\chi_{19}^{3}$	6	2	$4 = 2^2$
	$\chi_3\chi_7\overline{\chi}_{19}^{3}$	6	2	61
	$\chi_3\chi_7\chi_{19}$	18	6	577
	$\chi_3\chi_7\overline{\chi}_{19}$	18	6	1747
	$h^* = 1178\ \ 892414\ 491021\ 808120\ 869355\ 574272 =$ $= \ 2^{10} \cdot 3^{20} \cdot 7 \cdot 13 \cdot 19^2 \cdot 37 \cdot 61 \cdot 73^2 \cdot 577 \cdot 829 \cdot 1747$			
405 (810)	$\chi_3\psi_{81}\chi_5^2$	54	18	$771\ 294529 = 487 \cdot 1\ 583767$
	$\psi_{81}\chi_5$	108	36	$1\ 908525\ 034653\ 704281 = 541 \cdot 3527\ 772707\ 308141$
	$h^* = 289942\ \ 114683\ 805443\ 433002\ 828021\ 894577 =$ $= 37 \cdot 487 \cdot 541 \cdot 2053 \cdot 2593 \cdot 1\ 583767 \cdot 3527\ 772707\ 308141$			
436	$\chi_4\chi_{109}^{54}$	2	1	3
	$\chi_4\chi_{109}^{36}$	6	2	$12 = 2^2 \cdot 3$
	$\chi_4\chi_{109}^{18}$	6	2	$12 = 2^2 \cdot 3$
	$\chi_4\chi_{109}^{12}$	18	6	$2271 = 3 \cdot 757$
	$\chi_4\chi_{109}^{6}$	18	6	$1083 = 3 \cdot 19^2$
	$\chi_4\chi_{109}^{4}$	54	18	$1475\ 277303 = 3 \cdot 163 \cdot 3\ 016927$
	$\chi_4\chi_{109}^{2}$	54	18	$3524\ 318913 = 3 \cdot 1174\ 772971$
	$h^* = 893749\ 713826\ \ 042123\ 652446\ 227238\ 954966\ 290576 =$ $= 2^4 \cdot 3^7 \cdot 17 \cdot 19^2 \cdot 163 \cdot 757 \cdot 1009 \cdot 3\ 016927 \cdot 1174\ 772971 \cdot 9431\ 866153$			

$\varphi(f) = 216$ (Fortsetzung)

f	Char.	Ordn.	Grad	Beitrag
532	$\chi_4\chi_7^2\chi_{19}^6$	6	2	7
	$\chi_4\chi_7^2\bar{\chi}_{19}^6$	6	2	$28 = 2^2 \cdot 7$
	$\chi_4\chi_7^2\chi_{19}^2$	18	6	1693
	$\chi_4\chi_7^2\bar{\chi}_{19}^2$	18	6	2377
	$\chi_4\chi_7^3\chi_{19}^9$	2	1	2
	$\chi_4\chi_7^3\chi_{19}^3$	6	2	$16 = 2^4$
	$\chi_4\chi_7^3\chi_{19}$	18	6	$2701 = 37 \cdot 73$
	$\chi_4\chi_7\chi_{19}^9$	6	2	31
	$\chi_4\chi_7\chi_{19}^3$	6	2	7
	$\chi_4\chi_7\bar{\chi}_{19}^3$	6	2	$16 = 2^4$
	$\chi_4\chi_7\chi_{19}$	18	6	$2071 = 19 \cdot 109$
	$\chi_4\chi_7\bar{\chi}_{19}$	18	6	2719
	$h^* = 1\ 995278\ \ 293629\ 608216\ 703343\ 220411\ 633664 =$ $= 2^{12} \cdot 3^{10} \cdot 7^3 \cdot 13 \cdot 19^3 \cdot 31 \cdot 37^2 \cdot 73^2 \cdot 109 \cdot 1693 \cdot 2377 \cdot 2719$			
648	$\psi_8\chi_3\psi_{81}$	54	18	63112 572037
	$\chi_4\psi_8\psi_{81}$	54	18	$128023\ 457151 = 3 \cdot 271 \cdot 157\ 470427$
	$h^* = 4207\ 762445\ \ 242777\ 294033\ 981083\ 075596\ 417079 =$ $= 3^3 \cdot 19 \cdot 37 \cdot 271^2 \cdot 2593 \cdot 117\ 132157 \cdot 157\ 470427 \cdot 63112\ 572037$			
684	$\chi_4\psi_9\chi_{19}^6$	6	2	$16 = 2^4$
	$\chi_4\psi_9\bar{\chi}_{19}^6$	6	2	37
	$\chi_4\psi_9\chi_{19}^2$	18	6	$4699 = 37 \cdot 127$
	$\chi_4\psi_9\bar{\chi}_{19}^2$	18	6	3637
	$\chi_4\chi_3\psi_9\chi_{19}^9$	6	2	$16 = 2^4$
	$\chi_4\chi_3\psi_9\chi_{19}^3$	6	2	13
	$\chi_4\chi_3\psi_9\bar{\chi}_{19}^3$	6	2	$16 = 2^4$
	$\chi_4\chi_3\psi_9\chi_{19}$	18	6	1693
	$\chi_3\chi_3\psi_9\bar{\chi}_{19}$	18	6	12583
	$h^* = 9\ 549392\ \ 972039\ 711651\ 917872\ 649044\ 836352 =$ $= 2^{14} \cdot 3^6 \cdot 7^2 \cdot 13 \cdot 19^2 \cdot 37^2 \cdot 73 \cdot 109 \cdot 127 \cdot 163 \cdot 199 \cdot 1693 \cdot 3637 \cdot 12583$			
756	$\chi_4\psi_{27}\chi_7^2$	18	6	$6697 = 37 \cdot 181$
	$\chi_4\psi_{27}\bar{\chi}_7^2$	18	6	9109
	$\chi_4\chi_3\psi_{27}\chi_7^3$	18	6	$4699 = 37 \cdot 127$
	$\chi_4\chi_3\psi_{27}\chi_7$	18	6	$5149 = 19 \cdot 271$
	$\chi_4\chi_3\psi_{27}\bar{\chi}_7$	18	6	$14383 = 19 \cdot 757$
	$h^* = 434848\ \ 520210\ 868494\ 245767\ 938408\ 147152 =$ $= 2^4 \cdot 7^3 \cdot 13 \cdot 19^3 \cdot 37^3 \cdot 109 \cdot 127^2 \cdot 163 \cdot 181^2 \cdot 271 \cdot 757 \cdot 9109$			

$\varphi(f) = 220$

f	Char.	Ordn.	Grad	Beitrag
253 (506)	$\chi_{11}^2\chi_{23}^{11}$	10	4	$16 = 2^4$
	$\chi_{11}^2\chi_{23}$	110	40	$36426\ 924142\ 012361 = 13\ 962631 \cdot 2608\ 886831$
	$\chi_{11}^5\chi_{23}^2$	22	10	$15499 = 11 \cdot 1409$
	$\chi_{11}\chi_{23}^2$	110	40	$9456\ 560554\ 357741 = 11^3 \cdot 3301 \cdot 26951 \cdot 79861$
	$h^* = 256\ 271685\ \ 260834\ 247944\ 985594\ 908530\ 991952 =$ $= 2^4 \cdot 3 \cdot 11^4 \cdot 1409 \cdot 3301 \cdot 26951 \cdot 79861 \cdot 13\ 962631 \cdot 2608\ 886831$			

$\varphi(f) = 220$ (Fortsetzung)

f	Char.	Ordn.	Grad	Beitrag
363 (726)	$\chi_3\psi_{121}$	22	10	$91136 = 2^{10} \cdot 89$
	$\chi_3\chi_{11}^2\psi_{121}$	110	40	20 891667 283264 099631
	$h^* = 23\ 207253\ 826992\ 628179\ 863710\ 751562\ 290176 =$ $= 2^{10} \cdot 67 \cdot 89 \cdot 353 \cdot 20021 \cdot 25741 \cdot 20\ 891667\ 283264\ 099631$			
484	$\chi_4\psi_{121}$	22	10	14411
	$\chi_4\chi_{11}^2\psi_{121}$	110	40	$168960\ 728081\ 272614\ 278551 = 167971 \cdot 1\ 005892\ 255694\ 569981$
	$h^* = 29678\ 406487\ 322012\ 695719\ 894464\ 039435\ 383271 =$ $= 67 \cdot 353 \cdot 14411 \cdot 20021 \cdot 25741 \cdot 167971 \cdot 1\ 005892\ 255694\ 569981$			

$\varphi(f) = 222$

f	Char.	Ordn.	Grad	Beitrag
223 (446)	χ_{223}^{111}	2	1	7
	χ_{223}^{37}	6	2	43
	χ_{223}^{3}	74	36	17 909933 575379
	χ_{223}	222	72	40267 267941 626184 700722 963397 (keine Primzahl)
	$h^* = 217\ 076412\ 323050\ 485246\ 172261\ 728619\ 107578\ 141363 =$ $= 7 \cdot 43 \cdot 17\ 909933\ 575379 \cdot 40267\ 267941\ 626184\ 700722\ 963397$			

$\varphi(f) = 224$

f	Char.	Ordn.	Grad	Beitrag
339 (678)	$\chi_3\chi_{113}^{56}$	2	1	3
	$\chi_3\chi_{113}^{28}$	4	2	5
	$\chi_3\chi_{113}^{16}$	14	6	$1016 = 2^3 \cdot 127$
	$\chi_3\chi_{113}^{14}$	8	4	2137
	$\chi_3\chi_{113}^{8}$	14	6	$568 = 2^3 \cdot 71$
	$\chi_3\chi_{113}^{4}$	28	12	$797672 = 2^3 \cdot 99709$
	$\chi_3\chi_{113}^{2}$	56	24	$3670\ 392776 = 2^3 \cdot 113 \cdot 281 \cdot 14449$
	$h^* = 87309\ 027165\ 405351\ 637092\ 447907\ 404827\ 688960 \doteq$ $= 2^{15} \cdot 3 \cdot 5 \cdot 17 \cdot 71 \cdot 113 \cdot 127 \cdot 281 \cdot 2137 \cdot 14449 \cdot 99709 \cdot 11\ 853470\ 598257$			
435 (870)	$\chi_3\chi_5^2\chi_{29}^{14}$	2	1	2
	$\chi_3\chi_5^2\chi_{29}^{4}$	14	6	$904 = 2^3 \cdot 113$
	$\chi_3\chi_5^2\chi_{29}^{2}$	14	6	$1856 = 2^6 \cdot 29$
	$\chi_3\chi_5\chi_{29}^{7}$	4	2	$52 = 2^2 \cdot 13$
	$\chi_3\chi_5\bar{\chi}_{29}^{7}$	4	2	$4 = 2^2$
	$\chi_3\chi_5\chi_{29}$	28	12	$2\ 611624 = 2^3 \cdot 29 \cdot 11257$
	$\chi_3\chi_5\bar{\chi}_{29}$	28	12	$1\ 165256 = 2^3 \cdot 113 \cdot 1289$
	$h^* = 299190\ 086533\ 933244\ 039620\ 216234\ 180608 =$ $= 2^{39} \cdot 3 \cdot 13 \cdot 29^2 \cdot 113^2 \cdot 281 \cdot 421 \cdot 757 \cdot 1289 \cdot 11257$			

$\varphi(f) = 224$ (Fortsetzung)

f	Char.	Ordn.	Grad	Beitrag
452	$\chi_4\chi_{113}^{56}$	2	1	$4 = 2^2$
	$\chi_4\chi_{113}^{28}$	4	2	$8 = 2^3$
	$\chi_4\chi_{113}^{16}$	14	6	$1624 = 2^3 \cdot 7 \cdot 29$
	$\chi_4\chi_{113}^{14}$	8	4	$72 = 2^3 \cdot 3^2$
	$\chi_4\chi_{113}^{8}$	14	6	$1352 = 2^3 \cdot 13^2$
	$\chi_4\chi_{113}^{4}$	28	12	$2\ 997352 = 2^3 \cdot 374669$
	$\chi_4\chi_{113}^{2}$	56	24	$9\ 403876\ 655944 = 2^3 \cdot 281 \cdot 24809 \cdot 168617$
	$h^* = 229\ 865767\ 233324\ \ 575111\ 010848\ 122335\ 548084\ 846592 =$ $= 2^{23} \cdot 3^2 \cdot 7 \cdot 13^2 \cdot 17 \cdot 29 \cdot 281 \cdot 24809 \cdot 168617 \cdot 374669 \cdot 11\ 853470\ 598257$			
464	$\psi_{16}\chi_{29}^{7}$	4	2	17
	$\psi_{16}\bar{\chi}_{29}^{7}$	4	2	5
	$\psi_{16}\chi_{29}$	28	12	$5\ 658248 = 2^3 \cdot 29^4$
	$\psi_{16}\bar{\chi}_{29}$	28	12	$1\ 809032 = 2^3 \cdot 226129$
	$\chi_4\psi_{16}\chi_{29}^{14}$	4	2	17
	$\chi_4\psi_{16}\chi_{29}^{4}$	28	12	$3\ 088744 = 2^3 \cdot 386093$
	$\chi_4\psi_{16}\chi_{29}^{2}$	28	12	$1\ 072072 = 2^3 \cdot 29 \cdot 4621$
	$h^* = 12\ 164820\ 242320\ \ 422627\ 042467\ 644729\ 294439\ 055360 =$ $= 2^{30} \cdot 3 \cdot 5 \cdot 7 \cdot 13 \cdot 17^2 \cdot 29^5 \cdot 43^2 \cdot 1877 \cdot 4621 \cdot 226129 \cdot 386093$			
580	$\chi_4\chi_5^2\chi_{29}^{14}$	2	1	$4 = 2^2$
	$\chi_4\chi_2^5\chi_{29}^{4}$	14	6	$1624 = 2^3 \cdot 7 \cdot 29$
	$\chi_4\chi_5^2\chi_{29}^{2}$	14	6	$3704 = 2^3 \cdot 463$
	$\chi_4\chi_5\chi_{29}^{7}$	4	2	$8 = 2^3$
	$\chi_4\chi_5\bar{\chi}_{29}^{7}$	4	2	$40 = 2^3 \cdot 5$
	$\chi_4\chi_5\chi_{29}$	28	12	$9\ 051176 = 2^3 \cdot 1\ 131397$
	$\chi_4\chi_5\bar{\chi}_{29}$	28	12	$11\ 304616 = 2^3 \cdot 1\ 413077$
	$h^* = 776\ 785847\ \ 831995\ 632448\ 594543\ 440172\ 154880 =$ $= 2^{39} \cdot 3 \cdot 5 \cdot 7^2 \cdot 29 \cdot 281 \cdot 421 \cdot 463 \cdot 757 \cdot 1\ 131397 \cdot 1\ 413077$			
696	$\psi_8\chi_3\chi_{29}^{14}$	2	1	$6 = 2 \cdot 3$
	$\psi_8\chi_3\chi_{29}^{4}$	14	6	$2408 = 2^3 \cdot 7 \cdot 43$
	$\psi_8\chi_3\chi_{29}^{2}$	14	6	$8744 = 2^3 \cdot 1093$
	$\chi_4\psi_8\chi_3\chi_{29}^{7}$	4	2	$10 = 2 \cdot 5$
	$\chi_4\psi_8\chi_3\chi_{29}$	28	12	$37\ 462664 = 2^3 \cdot 29 \cdot 113 \cdot 1429$
	$h^* = 6438\ 349938\ \ 668172\ 599554\ 162206\ 096280\ 780800 =$ $= 2^{38} \cdot 3^3 \cdot 5^2 \cdot 7^2 \cdot 13 \cdot 29 \cdot 43^3 \cdot 113 \cdot 1093 \cdot 1429 \cdot 1877 \cdot 71317$			

$\varphi(f) = 226$

f	Char.	Ordn.	Grad	Beitrag
227 (454)	χ_{227}^{113}	2	1	5
	χ_{227}	226	112	$577\ 749514\ 738106\ \ 726015\ 111994\ 204433\ 181345\ 386411 =$ $= 2939^3 \cdot 22758\ \ 353092\ 932626\ 995238\ 293896\ 710969$ (letzteres keine Primzahl)
	$h^* = 2888\ 747573\ 690533\ \ 630075\ 559971\ 022165\ 906726\ 932055 =$ $= 5 \cdot 2939^3 \cdot 22758\ \ 353092\ 932626\ 995238\ 293896\ 710969$			

$\varphi(f) = 228$

f	Char.	Ordn.	Grad	Beitrag
229 (458)	χ_{229}^{57} χ_{229}^{19} χ_{229}^{3} χ_{229}	4 12 76 228	2 4 36 72	17 13 33 718554 084473 = 705053 · 47 824141 1 467397 392091 059043 963905 809269 = = 457 · 7753 · 414153 903321 692666 991589
	$h^* = 10934\ 752550\ 628778\ 589695\ 733157\ 034481\ 831976\ 032377 =$ $= 13 \cdot 17 \cdot 457 \cdot 7753 \cdot 705053 \cdot 47\ 824141 \cdot 414153\ 903321\ 692666\ 991589$			

$\varphi(f) = 232$

f	Char.	Ordn.	Grad	Beitrag
233 (466)	χ_{233}^{29} χ_{233}	8 232	4 112	1433 242 976782 889540 671686 873814 932971 994204 987553 = = 233 · 1 042818 810684 723912 819200 922459 107271 266041 (letzteres keine Primzahl)
	$h^* = 348185\ 729880\ 711782\ 527290\ 176798\ 948867\ 695747\ 163449 =$ $= 233 \cdot 1433 \cdot 1\ 042818\ 810684\ 723912\ 819200\ 922459\ 107271\ 266041$			
295 (590)	$\chi_5^2\chi_{59}^{29}$ $\chi_5^2\chi_{59}$ $\chi_5\chi_{59}^{2}$	2 58 116	1 28 56	$4 = 2^2$ 1 215895 930057 = 349 · 3483 942493 3 342864 691777 957395 054373 = = 41413 · 9 342293 · 8 640296 021597
	$h^* = 670508\ 644900\ 926208\ 004253\ 553219\ 885108\ 451604 =$ $= 2^2 \cdot 3 \cdot 59 \cdot 233 \cdot 349 \cdot 41413 \cdot 9\ 342293 \cdot 3483\ 942493 \cdot 8\ 640296\ 021597$			
472	$\psi_8\chi_{59}^{29}$ $\psi_8\chi_{59}$ $\chi_4\psi_8\chi_{59}^{2}$	2 58 58	1 28 28	3 $1174\ 577233\ 041049 = 59^3 \cdot 42283 \cdot 135257$ 1219 192352 726917 = 29 · 59 · 168143 · 4 237829
	$h^* = 19371\ 983746\ 349662\ 149124\ 469187\ 254723\ 339443\ 284387 =$ $= 3^2 \cdot 29 \cdot 59^5 \cdot 233 \cdot 42283 \cdot 135257 \cdot 168143 \cdot 4\ 237829 \cdot 109337\ 677693$			
708	$\chi_4\chi_3\chi_{59}^{29}$ $\chi_4\chi_3\chi_{59}$	2 58	1 28	2 853024 813867 237663 = 2 069383 · 412212 149161
	$h^* = 7\ 622833\ 744450\ 532364\ 757064\ 890176\ 317824\ 613409 =$ $= 3 \cdot 59 \cdot 233 \cdot 523 \cdot 2\ 069383 \cdot 3\ 789257 \cdot 109337\ 677693 \cdot 412212\ 149161$			

$\varphi(f) = 238$

f	Char.	Ordn.	Grad	Beitrag
239 (478)	χ_{239}^{119} χ_{239}^{17} χ_{239}^{7} χ_{239}	2 14 34 238	1 6 16 96	15 = 3 · 5 $64 = 2^6$ 511123 39236 892429 643452 764006 290733 348912 982197 = = 14 136487 · 2775 575885 978139 601727 521889 515331 (letzteres keine Primzahl)
	$h^* = 19\ 252683\ 042543\ 984486\ 813299\ 844961\ 436592\ 191498\ 141760 =$ $= 2^6 \cdot 3 \cdot 5 \cdot 511123 \cdot 14\ 136487 \cdot 2775\ 575885\ 978139\ 601727\ 521889\ 515331$			

$\varphi(f) = 240$

f	Char.	Ordn.	Grad	Beitrag
241 (482)	χ_{241}^{15}	16	8	2209 = 47^2
	χ_{241}^{5}	48	16	2 359873
	χ_{241}^{3}	80	32	1 977696 350881 = 15601 · 126 767281
	χ_{241}	240	64	7212 790404 639908 091989 409121 = = 13921 · 518123 008737 871423 891201
	h^* = 74 361351 053524 744837 764467 869162 082791 741351 378657 = = 47^2 · 13921 · 15601 · 2 359873 · 126 767281 · 518123 008737 871423 891201			
287 (574)	$\chi_7^2\chi_{41}^{5}$	24	8	6436 = 2^2 · 1609
	$\chi_7^2\chi_{41}$	120	32	52 118188 862881 = 2521 · 20673 617161
	$\chi_7^3\chi_{41}^{20}$	2	1	7
	$\chi_7^3\chi_{41}^{10}$	4	2	5
	$\chi_7^3\chi_{41}^{8}$	10	4	11
	$\chi_7^3\chi_{41}^{4}$	10	4	121 = 11^2
	$\chi_7^3\chi_{41}^{2}$	20	8	2605 = 5 · 521
	$\chi_7\chi_{41}^{20}$	6	2	4 = 2^2
	$\chi_7\chi_{41}^{10}$	12	4	52 = 2^2 · 13
	$\chi_7\chi_{41}^{8}$	30	8	8641
	$\chi_7\chi_{41}^{4}$	30	8	961 = 31^2
	$\chi_7\chi_{41}^{2}$	60	16	8 864581 = 11^2 · 61 · 1201
	h^* = 75 414262 624860 852745 819151 571359 184834 222400 = = $2^6 \cdot 5^2 \cdot 7 \cdot 11^7 \cdot 13 \cdot 31^2$ · 61 · 521 · 1201 · 1609 · 2521 · 8641 · 20673 617161			
305 (610)	$\chi_5^2\chi_{61}^{15}$	4	2	10 = 2 · 5
	$\chi_5^2\chi_{61}^{5}$	12	4	481 = 13 · 37
	$\chi_5^2\chi_{61}^{3}$	20	8	1025 = 5^2 · 41
	$\chi_5^2\chi_{61}$	60	16	3 894301 = 61 · 63841
	$\chi_5\chi_{61}^{30}$	4	2	4 = 2^2
	$\chi_5\chi_{61}^{20}$	12	4	117 = 3^2 · 13
	$\chi_5\chi_{61}^{12}$	20	8	8405 = 5 · 41^2
	$\chi_5\chi_{61}^{10}$	12	4	61
	$\chi_5\chi_{61}^{6}$	20	8	3061
	$\chi_5\chi_{61}^{4}$	60	16	54 883141 = 2281 · 24061
	$\chi_5\chi_{61}^{2}$	60	16	2 287561 = 61 · 37501
	h^* = 135 088091 280028 160307 240417 262034 056281 285000 = = $2^3 \cdot 3^2 \cdot 5^4 \cdot 13^2 \cdot 37 \cdot 41^4 \cdot 61^3$ · 1861 · 2281 · 3061 · 24061 · 37501 · 63841			
325 (650)	$\chi_5\psi_{25}\chi_{13}^{6}$	20	8	7681
	$\chi_5\psi_{25}\chi_{13}^{4}$	60	16	17 098621
	$\chi_5\psi_{25}\chi_{13}^{2}$	60	16	11 865781 = 61 · 194521
	$\psi_{25}\chi_{13}^{3}$	20	8	2141
	$\psi_{25}\chi_{13}$	60	16	51 832981 = 61 · 849721
	$\chi_5^2\psi_{25}\chi_{13}^{3}$	20	8	6161 = 61 · 101
	$\chi_5^2\psi_{25}\chi_{13}$	60	16	14 052901 = 1201 · 11701
	h^* = 958286 131671 211592 542476 979144 265746 218304 = = $2^6 \cdot 61^3$ · 101 · 1201 · 2141 · 7681 · 11701 · 194521 · 849721 · 17 098621			

$\varphi(f) = 240$ (Fortsetzung)

f	Char.	Ordn.	Grad	Beitrag
369 (738)	$\psi_9\chi_{41}^5$	24	8	$14641 = 11^4$
	$\psi_9\chi_{41}$	120	32	1256 507775 765241
	$\chi_3\psi_9\chi_{41}^{20}$	6	2	19
	$\chi_3\psi_9\chi_{41}^{10}$	12	4	$25 = 5^2$
	$\chi_3\psi_9\chi_{41}^8$	30	8	$8401 = 31 \cdot 271$
	$\chi_3\psi_9\chi_{41}^4$	30	8	4801
	$\chi_3\psi_9\chi_{41}^2$	60	16	$178\ 093525 = 5^2 \cdot 421 \cdot 16921$
	$h^* = 528\ 852535\ 797845\ \ 727358\ 844974\ 839889\ 196910\ 080000 =$ $= 2^{12} \cdot 5^4 \cdot 11^6 \cdot 17 \cdot 19 \cdot 31 \cdot 271 \cdot 421 \cdot 4801 \cdot 16921 \cdot 1256\ 507775\ 765241$			
385 (770)	$\chi_5^2\chi_7^3\chi_{11}^2$	10	4	$55 = 5 \cdot 11$
	$\chi_5^2\chi_7\chi_{11}^2$	30	8	$7936 = 2^8 \cdot 31$
	$\chi_5^2\chi_7^2\chi_{11}^5$	6	2	$9 = 3^2$
	$\chi_5^2\chi_7^2\chi_{11}$	30	8	$16336 = 2^4 \cdot 1021$
	$\chi_5\chi_7^2\chi_{11}^2$	60	16	$55\ 801936 = 2^4 \cdot 19^2 \cdot 9661$
	$\chi_5\chi_7^3\chi_{11}^5$	4	2	$8 = 2^3$
	$\chi_5\chi_7^3\chi_{11}$	20	8	16141
	$\chi_5\chi_7\chi_{11}^5$	12	4	157
	$\chi_5\chi_7\chi_{11}$	60	16	$40\ 239376 = 2^4 \cdot 2\ 514961$
	$h^* = 18\ 696191\ \ 070960\ 590983\ 421400\ 100896\ 768000 =$ $= 2^{31} \cdot 3^2 \cdot 5^3 \cdot 11 \cdot 19^2 \cdot 31 \cdot 157 \cdot 1021 \cdot 9661 \cdot 16141 \cdot 2\ 514961$			
429 (858)	$\chi_3\chi_{11}^2\chi_{13}^6$	10	4	$55 = 5 \cdot 11$
	$\chi_3\chi_{11}^2\chi_{13}^4$	30	8	$17701 = 31 \cdot 571$
	$\chi_3\chi_{11}^2\chi_{13}^2$	30	8	$11041 = 61 \cdot 181$
	$\chi_3\chi_{11}^5\chi_{13}^3$	4	2	$8 = 2^3$
	$\chi_3\chi_{11}^5\chi_{13}$	12	4	$121 = 11^2$
	$\chi_3\chi_{11}\chi_{13}^3$	20	8	39521
	$\chi_3\chi_{11}\chi_{13}$	60	16	126 901681
	$h^* = 1880\ 049931\ \ 342806\ 129486\ 552279\ 849583\ 657000 =$ $= 2^3 \cdot 5^3 \cdot 7 \cdot 11^3 \cdot 31 \cdot 61^3 \cdot 181 \cdot 571 \cdot 661 \cdot 39521 \cdot 83701 \cdot 126\ 901681$			
465 (930)	$\chi_3\chi_5^2\chi_{31}^{10}$	6	2	$63 = 3^2 \cdot 7$
	$\chi_3\chi_5^2\chi_{31}^6$	10	4	$80 = 2^4 \cdot 5$
	$\chi_3\chi_5^2\chi_{31}^2$	30	8	$5611 = 31 \cdot 181$
	$\chi_3\chi_5\chi_{31}^{15}$	4	2	$8 = 2^3$
	$\chi_3\chi_5\chi_{31}^5$	12	4	61
	$\chi_3\chi_5\chi_{31}^3$	20	8	$23696 = 2^4 \cdot 1481$
	$\chi_3\chi_5\chi_{31}$	00	10	500 024001 = 1001 · [illegible]
	$h^* = 6056\ 875285\ \ 186558\ 003929\ 869566\ 624727\ 040000 =$ $= 2^{19} \cdot 3^6 \cdot 5^4 \cdot 7 \cdot 31 \cdot 61 \cdot 151 \cdot 181 \cdot 631 \cdot 1481 \cdot 1801 \cdot 129121 \cdot 322501$			

$\varphi(f) = 240$ (Fortsetzung)

f	Char.	Ordn.	Grad	Beitrag
488	$\psi_8\chi_{61}^{15}$	4	2	41
	$\psi_8\chi_{61}^{5}$	12	4	421
	$\psi_8\chi_{61}^{3}$	20	8	4721
	$\psi_8\chi_{61}$	60	16	265 892761
	$\chi_4\psi_8\chi_{61}^{30}$	2	1	5
	$\chi_4\psi_8\chi_{61}^{20}$	6	2	43
	$\chi_4\psi_8\chi_{61}^{12}$	10	4	101
	$\chi_4\psi_8\chi_{61}^{10}$	6	2	31
	$\chi_4\psi_8\chi_{61}^{6}$	10	4	$55 = 5 \cdot 11$
	$\chi_4\psi_8\chi_{61}^{4}$	30	8	34171
	$\chi_4\psi_8\chi_{61}^{2}$	30	8	$4681 = 31 \cdot 151$
	$h^* = 3\ 971856\ 968532\ 956975\ \ 396384\ 265567\ 521800\ 430781\ 628875 =$ $= 3^3 \cdot 5^3 \cdot 11^2 \cdot 31^2 \cdot 41^2 \cdot 43 \cdot 61 \cdot 101 \cdot 151 \cdot 421 \cdot 691 \cdot 1861 \cdot 4721 \cdot 6481 \cdot 34171 \cdot 265\ 892761$			
495 (990)	$\chi_3\psi_9\chi_5^2\chi_{11}^2$	30	8	$29161 = 11^2 \cdot 241$
	$\psi_9\chi_5^2\chi_{11}^5$	6	2	7
	$\psi_9\chi_5^2\chi_{11}$	30	8	$66061 = 31 \cdot 2131$
	$\psi_9\chi_5\chi_{11}^2$	60	16	$358\ 608241 = 181 \cdot 241 \cdot 8221$
	$\chi_3\psi_9\chi_5\chi_{11}^5$	12	4	229
	$\chi_3\psi_9\chi_5\chi_{11}$	60	16	$511\ 614781 = 29^2 \cdot 181 \cdot 3361$
	$h^* = 151\ 284295\ \ 307196\ 895954\ 238278\ 778191\ 913580 =$ $= 2^2 \cdot 3 \cdot 5 \cdot 7 \cdot 11^3 \cdot 29^2 \cdot 31^3 \cdot 181^2 \cdot 229 \cdot 241^2 \cdot 421 \cdot 2131 \cdot 3361 \cdot 8221$			
496	$\psi_{16}\chi_{31}^{15}$	4	2	$8 = 2^3$
	$\psi_{16}\chi_{31}^{5}$	12	4	$388 = 2^2 \cdot 97$
	$\psi_{16}\chi_{31}^{3}$	20	8	29501
	$\psi_{16}\chi_{31}$	60	16	$270\ 594841 = 11^2 \cdot 61^2 \cdot 601$
	$\chi_4\psi_{16}\chi_{31}^{10}$	12	4	$148 = 2^2 \cdot 37$
	$\chi_4\psi_{16}\chi_{31}^{6}$	20	8	14281
	$\chi_4\psi_{16}\chi_{31}^{2}$	60	16	$1070\ 228221 = 31^2 \cdot 241 \cdot 4621$
	$h^* = 686038\ 372620\ 782033\ \ 886901\ 075737\ 481803\ 287781\ 408768 =$ $= 2^{15} \cdot 3^2 \cdot 11^4 \cdot 31^4 \cdot 37 \cdot 41 \cdot 61^2 \cdot 97 \cdot 211 \cdot 241 \cdot 601 \cdot 4621 \cdot 5281 \cdot 14281 \cdot 29501$			
525 (1050)	$\chi_3\psi_{25}\chi_7^2$	30	8	$26811 = 3^4 \cdot 331$
	$\chi_3\chi_5^2\psi_{25}\chi_7^2$	30	8	$58621 = 31^2 \cdot 61$
	$\chi_3\chi_5\psi_{25}\chi_7^3$	20	8	$59536 = 2^4 \cdot 61^2$
	$\chi_3\chi_5\psi_{25}\chi_7$	60	16	467 132041
	$h^* = 29\ 585677\ \ 490787\ 726928\ 862791\ 955910\ 586368 =$ $= 2^{12} \cdot 3^4 \cdot 11 \cdot 13 \cdot 31^2 \cdot 61^4 \cdot 271 \cdot 331 \cdot 601 \cdot 1861 \cdot 467\ 132041$			
572	$\chi_4\chi_{11}^2\chi_{13}^6$	10	4	$155 = 5 \cdot 31$
	$\chi_4\chi_{11}^2\chi_{13}^4$	30	8	27631
	$\chi_4\chi_{11}^2\chi_{13}^2$	30	8	72271
	$\chi_4\chi_{11}^5\chi_{13}^3$	4	2	$10 = 2 \cdot 5$
	$\chi_4\chi_{11}^5\chi_{13}$	12	4	$361 = 19^2$
	$\chi_4\chi_{11}\chi_{13}^3$	20	8	$86305 = 5 \cdot 41 \cdot 421$
	$\chi_4\chi_{11}\chi_{13}$	60	16	1015 122781
	$h^* = 5\ 290237\ 648692\ \ 385160\ 711880\ 570308\ 851548\ 534375 =$ $= 3 \cdot 5^5 \cdot 7 \cdot 19^2 \cdot 31 \cdot 41 \cdot 61^2 \cdot 421 \cdot 661 \cdot 27631 \cdot 72271 \cdot 83701 \cdot 1015\ 122781$			

$\varphi(f) = 240$ (Fortsetzung)

f	Char.	Ordn.	Grad	Beitrag
616	$\psi_8\chi_7^3\chi_{11}^2$	10	4	$121 = 11^2$
	$\psi_8\chi_7\chi_{11}^2$	30	8	$73936 = 2^4 \cdot 4621$
	$\psi_8\chi_7^2\chi_{11}^5$	6	2	31
	$\psi_8\chi_7^2\chi_{11}$	30	8	$34576 = 2^4 \cdot 2161$
	$\chi_4\psi_8\chi_7^2\chi_{11}^2$	30	8	$100816 = 2^4 \cdot 6301$
	$\chi_4\psi_8\chi_7^3\chi_{11}^5$	2	1	$4 = 2^2$
	$\chi_4\psi_8\chi_7^3\chi_{11}$	10	4	211
	$\chi_4\psi_8\chi_7\chi_{11}^5$	6	2	13
	$\chi_4\psi_8\chi_7\chi_{11}$	30	8	$60016 = 2^4 \cdot 11^2 \cdot 31$
	$h^* = 894031\ 197420\ \ 910862\ 005847\ 489304\ 819295\ 846400 =$ $= 2^{40} \cdot 5^2 \cdot 7 \cdot 11^5 \cdot 13 \cdot 31^4 \cdot 181 \cdot 211 \cdot 2161 \cdot 4621 \cdot 6301$			
620	$\chi_4\chi_5^2\chi_{31}^{10}$	6	2	$16 = 2^4$
	$\chi_4\chi_5^2\chi_{31}^6$	10	4	$176 = 2^4 \cdot 11$
	$\chi_4\chi_5^2\chi_{31}^2$	30	8	66931
	$\chi_4\chi_5\chi_{31}^{15}$	4	2	$20 = 2^2 \cdot 5$
	$\chi_4\chi_5\chi_{31}^5$	12	4	$244 = 2^2 \cdot 61$
	$\chi_4\chi_5\chi_{31}^3$	20	8	$33680 = 2^4 \cdot 5 \cdot 421$
	$\chi_4\chi_5\chi_{31}$	60	16	$2922\ 613501 = 5821 \cdot 502081$
	$h^* = 19\ 441064\ 004704\ \ 709948\ 640099\ 632484\ 806819\ 840000 =$ $= 2^{26} \cdot 3^4 \cdot 5^4 \cdot 11 \cdot 31 \cdot 41 \cdot 61 \cdot 421 \cdot 631 \cdot 5821 \cdot 66931 \cdot 129121 \cdot 502081$			
700	$\chi_4\psi_{25}\chi_7^2$	30	8	44641
	$\chi_4\chi_5^2\psi_{25}\chi_7^2$	30	8	$153171 = 3^4 \cdot 31 \cdot 61$
	$\chi_4\chi_5\psi_{25}\chi_7^3$	20	8	$146896 = 2^4 \cdot 9181$
	$\chi_4\chi_5\psi_{25}\chi_7$	60	16	$12357\ 205381 = 59^2 \cdot 3\ 549901$
	$h^* = 126016\ 649965\ \ 778239\ 405605\ 204267\ 365457\ 285120 =$ $= 2^{12} \cdot 3^5 \cdot 5 \cdot 11 \cdot 13 \cdot 31 \cdot 59^2 \cdot 61^2 \cdot 271 \cdot 601 \cdot 1861 \cdot 9181 \cdot 44641 \cdot 3\ 549901$			
732	$\chi_4\chi_3\chi_{61}^{15}$	4	2	$40 = 2^3 \cdot 5$
	$\chi_4\chi_3\chi_{61}^5$	12	4	$208 = 2^4 \cdot 13$
	$\chi_4\chi_3\chi_{61}^3$	20	8	$126505 = 5 \cdot 25301$
	$\chi_4\chi_3\chi_{61}$	60	16	$8177\ 300161 = 19^2 \cdot 61 \cdot 371341$
	$h^* = 1339\ 692320\ 604469\ \ 611903\ 838974\ 531410\ 116492\ 800000 =$ $= 2^{12} \cdot 3^3 \cdot 5^5 \cdot 11 \cdot 13 \cdot 19^2 \cdot 31^3 \cdot 41 \cdot 61^2 \cdot 211 \cdot 691 \cdot 1861 \cdot 6481 \cdot 25301 \cdot 371341$			
744	$\psi_8\chi_3\chi_{31}^{10}$	6	2	$12 = 2^2 \cdot 3$
	$\psi_8\chi_3\chi_{31}^6$	10	4	$655 = 5 \cdot 131$
	$\psi_8\chi_3\chi_{31}^2$	30	8	$65461 = 11^2 \cdot 541$
	$\chi_4\psi_8\chi_3\chi_{31}^{15}$	2	1	$6 = 2 \cdot 3$
	$\chi_4\psi_8\chi_3\chi_{31}^5$	6	2	$12 = 2^2 \cdot 3$
	$\chi_4\psi_8\chi_3\chi_{31}^3$	10	4	$1111 = 11 \cdot 101$
	$\chi_4\psi_8\chi_3\chi_{31}$	30	8	53401
	$h^* = 181\ 082733\ 783181\ \ 938577\ 850646\ 686177\ 657202\ 278400 =$ $= 2^{17} \cdot 3^5 \cdot 5^2 \cdot 11^5 \cdot 31^2 \cdot 41^2 \cdot 101 \cdot 131 \cdot 151 \cdot 211 \cdot 541 \cdot 5281 \cdot 13591 \cdot 53401$			

$\varphi(f) = 240$ (Fortsetzung)

f	Char.	Ordn.	Grad	Beitrag
792	$\psi_8\chi_3\psi_9\chi_{11}^2$	30	8	$336781 = 61 \cdot 5521$
	$\psi_8\psi_9\chi_{11}^5$	6	2	19
	$\psi_8\psi_9\chi_{11}$	30	8	176161
	$\chi_4\psi_8\psi_9\chi_{11}^2$	30	8	$84241 = 61 \cdot 1381$
	$\chi_4\psi_8\chi_3\psi_9\chi_{11}^5$	6	2	13
	$\chi_4\psi_8\chi_3\psi_9\chi_{11}$	30	8	$179521 = 31 \cdot 5791$
	$h^* = 5\ 042681\ 390633\ \ 567588\ 773182\ 959215\ 349464\ 474500 =$ $= 2^2 \cdot 3^2 \cdot 5^3 \cdot 11^2 \cdot 13^2 \cdot 19 \cdot 31^5 \cdot 61^2 \cdot 181 \cdot 1381 \cdot 5521 \cdot 5791 \cdot 19231 \cdot 176161$			
900	$\chi_4\psi_9\psi_{25}$	30	8	334261
	$\chi_4\psi_9\chi_5^2\psi_{25}$	30	8	$171121 = 211 \cdot 811$
	$\chi_4\chi_3\psi_9\chi_5\psi_{25}$	60	16	$96185\ 758525 = 5^2 \cdot 3847\ 430341$
	$h^* = 744248\ 582096\ \ 150452\ 589487\ 856013\ 489542\ 134375 =$ $= 3 \cdot 5^5 \cdot 11^2 \cdot 61 \cdot 211 \cdot 331 \cdot 811 \cdot 2161 \cdot 2791 \cdot 24481 \cdot 334261 \cdot 3847\ 430341$			
924	$\chi_4\chi_3\chi_7^2\chi_{11}^5$	6	2	$27 = 3^3$
	$\chi_4\chi_3\chi_7^2\chi_{11}$	30	8	$372496 = 2^4 \cdot 31 \cdot 751$
	$\chi_4\chi_3\chi_7^3\chi_{11}^2$	10	4	$505 = 5 \cdot 101$
	$\chi_4\chi_3\chi_7\chi_{11}^2$	30	8	$342736 = 2^4 \cdot 31 \cdot 691$
	$h^* = 228\ 281655\ \ 906261\ 469381\ 852055\ 785911\ 091200 =$ $= 2^{39} \cdot 3^5 \cdot 5^2 \cdot 7 \cdot 11^2 \cdot 31^4 \cdot 61 \cdot 101 \cdot 151 \cdot 181 \cdot 691 \cdot 751$			

$\varphi(f) = 250$

f	Char.	Ordn.	Grad	Beitrag
251 (502)	χ_{251}^{125}	2	1	7
	χ_{251}^{25}	10	4	11
	χ_{251}^{5}	50	20	348 270001
	χ_{251}	250	100	3 560052 540981 246189 281887 125862 326526 728751 (keine Primzahl)
	$h^* = 95469\ 181654\ 584518\ 651828\ \ 574432\ 658888\ 070113\ 445087\ 403827 =$ $= 7 \cdot 11 \cdot 348\ 270001 \cdot 3\ 560052\ 540981\ \ 246189\ 281887\ 125862\ 326526\ 728751$			

$\varphi(f) = 252$

f	Char.	Ordn.	Grad	Beitrag
301 (602)	$\chi_7^2\chi_{43}^{21}$	6	2	$16 = 2^4$
	$\chi_7^2\chi_{43}^{7}$	6	2	7
	$\chi_7^2\bar{\chi}_{43}^{7}$	6	2	7
	$\chi_7^2\chi_{43}^{3}$	42	12	122599
	$\chi_7^2\chi_{43}$	42	12	$103789 = 7 \cdot 14827$
	$\chi_7^2\bar{\chi}_{43}$	42	12	$308749 = 7^2 \cdot 6301$
	$\chi_7^3\chi_{43}^{14}$	6	2	$57 = 3 \cdot 19$
	$\chi_7^3\chi_{43}^{6}$	14	6	$448 = 2^6 \cdot 7$
	$\chi_7^3\chi_{43}^{2}$	42	12	19531
	$\chi_7\chi_{43}^{14}$	6	2	3
	$\chi_7\bar{\chi}_{43}^{14}$	6	2	3
	$\chi_7\chi_{43}^{6}$	42	12	$189931 = 7 \cdot 43 \cdot 631$
	$\chi_7\chi_{43}^{2}$	42	12	$724249 = 43 \cdot 16843$
	$\chi_7\bar{\chi}_{43}^{2}$	42	12	511939
	$h^* = 205430\ 142293\ 947345\ 943779\ 193986\ 871148\ 546394\ 604544 =$ $= 2^{10} \cdot 3^3 \cdot 7^7 \cdot 19 \cdot 43^2 \cdot 211 \cdot 631 \cdot 6301 \cdot 14827 \cdot 16843 \cdot 19531 \cdot 122599 \cdot 511939$			
381 (762)	$\chi_3\chi_{127}^{42}$	6	2	3
	$\chi_3\chi_{127}^{18}$	14	6	$2107 = 7^2 \cdot 43$
	$\chi_3\chi_{127}^{14}$	18	6	$111 = 3 \cdot 37$
	$\chi_3\chi_{127}^{6}$	42	12	$4\ 042711 = 673 \cdot 6007$
	$\chi_3\chi_{127}^{2}$	126	36	$1\ 553832\ 471565\ 131157 = 631 \cdot 2\ 185471 \cdot 1126\ 755757$
	$h^* = 11\ 479286\ 278091\ 328075\ 258484\ 555696\ 616781\ 110509\ 888215 =$ $= 3^2 \cdot 5 \cdot 7^2 \cdot 13 \cdot 37 \cdot 43^2 \cdot 547 \cdot 631 \cdot 673 \cdot 883 \cdot 3079 \cdot 6007 \cdot 626599 \cdot 2\ 185471 \cdot 1126\ 755757$			
387 (774)	$\psi_9\chi_{43}^{21}$	6	2	13
	$\psi_9\chi_{43}^{7}$	6	2	7
	$\psi_9\bar{\chi}_{43}^{7}$	6	2	19
	$\psi_9\chi_{43}^{3}$	42	12	$975031 = 211 \cdot 4621$
	$\psi_9\chi_{43}$	42	12	$291067 = 7 \cdot 43 \cdot 967$
	$\psi_9\bar{\chi}_{43}$	42	12	$1\ 420021 = 463 \cdot 3067$
	$\chi_3\psi_9\chi_{43}^{14}$	6	2	19
	$\chi_3\psi_9\bar{\chi}_{43}^{14}$	6	2	13
	$\chi_3\psi_9\chi_{43}^{6}$	42	12	257713
	$\chi_3\psi_9\chi_{43}^{2}$	42	12	125287
	$\chi_3\psi_9\bar{\chi}_{43}^{2}$	42	12	$6\ 415627 = 1933 \cdot 3319$
	$h^* = 1\ 348400\ 009635\ 509434\ 335776\ 865706\ 103793\ 086610\ 214753 =$ $= 7^3 \cdot 13^2 \cdot 19^2 \cdot 29 \cdot 43 \cdot 211^2 \cdot 463 \cdot 883 \cdot 967 \cdot 1933 \cdot 3067 \cdot 3319 \cdot 4621 \cdot 125287 \cdot 257713$			
441 (882)	$\psi_9\chi_7^3\psi_{49}$	42	12	$1\ 851193 = 43 \cdot 43051$
	$\psi_9\chi_7\psi_{49}$	42	12	$5\ 049619 = 43^2 \cdot 2731$
	$\psi_9\bar{\chi}_7\psi_{49}$	42	12	$710059 = 7^2 \cdot 43 \cdot 337$
	$\chi_3\psi_9\psi_{49}$	42	12	$1\ 418971 = 127 \cdot 11173$
	$\chi_3\psi_9\chi_7^2\psi_{49}$	42	12	$4\ 930381$
	$\chi_3\psi_9\bar{\chi}_7^2\psi_{49}$	42	12	$1\ 271383$
	$h^* = 2427\ 799098\ 355426\ 760759\ 007408\ 851329\ 652222\ 396831 =$ $= 7^4 \cdot 29 \cdot 43^5 \cdot 127 \cdot 337 \cdot 673 \cdot 2731 \cdot 11173 \cdot 43051 \cdot 1\ 271383 \cdot 4\ 930381$			

$\varphi(f) = 252$ (Fortsetzung)

f	Char.	Ordn.	Grad	Beitrag
508	$\chi_4\chi_{127}^{42}$	6	2	$28 = 2^2 \cdot 7$
	$\chi_4\chi_{127}^{18}$	14	6	$1849 = 43^2$
	$\chi_4\chi_{127}^{14}$	18	6	$1216 = 2^6 \cdot 19$
	$\chi_4\chi_{127}^{6}$	42	12	$895531 = 7 \cdot 13^2 \cdot 757$
	$\chi_4\chi_{127}^{2}$	126	36	$701\ 740642\ 154711\ 383729 = 883 \cdot 2143 \cdot 2\ 664901 \cdot 139\ 159441$
	$h^* = 103042\ 170932\ 346966\ 742775\ \ 797541\ 839182\ 084871\ 642467\ 503360 =$ $= 2^8 \cdot 5 \cdot 7^2 \cdot 13^3 \cdot 19 \cdot 43^3 \cdot 547 \cdot 757 \cdot 883^2 \cdot 2143 \cdot 3079 \cdot 626599 \cdot 2\ 664901 \cdot 139\ 159441$			

$\varphi(f) = 256$

f	Char.	Ordn.	Grad	Beitrag
257 (514)	χ_{257}	256	128	$5\,452485\ 023419\ 230873\ 223822\ 625555\ 964461\ 476422\ 854662\ 168321 =$ $= 257 \cdot 21215\ 895032\ 759653\ 203205\ 535507\ 999861\ 717807\ 092819\ 697153$ (letzteres keine Primzahl)
	$h^* = 5\ 452485\ 023419\ 230873\ 223822\ \ 625555\ 964461\ 476422\ 854662\ 168321 =$ $= 257 \cdot 21215\ 895032\ 759653\ 203205\ \ 535507\ 999861\ 717807\ 092819\ 697153$			
512	$\chi_4\psi_{512}$	128	64	$599306\ \ 027054\ 017337\ 136679\ 953037\ 180417 =$ $= 76\ 532353 \cdot 7830\ 753969\ 553468\ 937988\ 617089$
	$h^* = 6\ 262503\ 984490\ 932358\ 745721\ \ 482528\ 922841\ 978219\ 389975\ 605329 =$ $= 17 \cdot 21121 \cdot 76\ 532353 \cdot 29\ 102880\ 226241 \cdot 7830\ 753969\ 553468\ 937988\ 617089$			
544	$\psi_{32}\chi_{17}$	16	8	$34594 = 2 \cdot 7^2 \cdot 353$
	$\psi_{32}\chi_{17}^{3}$	16	8	$32674 = 2 \cdot 17 \cdot 31^2$
	$\psi_{32}\bar{\chi}_{17}^{3}$	16	8	$31526 = 2 \cdot 17 \cdot 929$
	$\psi_{32}\bar{\chi}_{17}$	16	8	$42434 = 2 \cdot 7^2 \cdot 433$
	$\chi_4\psi_{32}\chi_{17}^{8}$	8	4	$200 = 2^3 \cdot 5^2$
	$\chi_4\psi_{32}\chi_{17}^{4}$	8	4	$324 = 2^2 \cdot 3^4$
	$\chi_4\psi_{32}\bar{\chi}_{17}^{4}$	8	4	$164 = 2^2 \cdot 41$
	$\chi_4\psi_{32}\chi_{17}^{2}$	8	4	$306 = 2 \cdot 3^2 \cdot 17$
	$\chi_4\psi_{32}\chi_{17}^{6}$	8	4	$1394 = 2 \cdot 17 \cdot 41$
	$\chi_4\psi_{32}\bar{\chi}_{17}^{6}$	8	4	$82 = 2 \cdot 41$
	$\chi_4\psi_{32}\bar{\chi}_{17}^{2}$	8	4	$34 = 2 \cdot 17$
	$h^* = 4584\ 742688\ 639592\ 322280\ \ 890443\ 396756\ 015190\ 545059\ 020800 =$ $= 2^{30} \cdot 3^8 \cdot 5^2 \cdot 7^4 \cdot 13 \cdot 17^6 \cdot 31^2 \cdot 41^4 \cdot 97 \cdot 353 \cdot 433 \cdot 577 \cdot 929 \cdot 1601$			
640	$\chi_4\psi_{128}\chi_5^{2}$	32	16	$6738\ 675457 = 97 \cdot 69\ 470881$
	$\psi_{128}\chi_5$	32	16	$3569\ 435873 = 9473 \cdot 376801$
	$\psi_{128}\bar{\chi}_5$	32	16	$5584\ 997633$
	$h^* = 112\ 066740\ 284710\ 541318\ \ 559132\ 951039\ 771578\ 615246\ 011365 =$ $= 3^2 \cdot 5 \cdot 17^4 \cdot 41 \cdot 97^2 \cdot 337 \cdot 7841 \cdot 9473 \cdot 21121 \cdot 376801 \cdot 69\ 470881 \cdot 5584\ 997633$			

$\varphi(f) = 256$ (Fortsetzung)

f	Char.	Ordn.	Grad	Beitrag
680	$\psi_8\chi_5^2\chi_{17}$	16	8	$77956 = 2^2 \cdot 19489$
	$\psi_8\chi_5\chi_{17}^8$	4	2	$18 = 2 \cdot 3^2$
	$\psi_8\chi_5\chi_{17}^4$	4	2	$26 = 2 \cdot 13$
	$\psi_8\chi_5\bar{\chi}_{17}^4$	4	2	$10 = 2 \cdot 5$
	$\psi_8\chi_5\chi_{17}^2$	8	4	$272 = 2^4 \cdot 17$
	$\psi_8\chi_5\bar{\chi}_{17}^2$	8	4	$288 = 2^5 \cdot 3^2$
	$\chi_4\psi_8\chi_5^2\chi_{17}^8$	2	1	$6 = 2 \cdot 3$
	$\chi_4\psi_8\chi_5^2\chi_{17}^4$	4	2	$16 = 2^4$
	$\chi_4\psi_8\chi_5^2\chi_{17}^2$	8	4	$164 = 2^2 \cdot 41$
	$\chi_4\psi_8\chi_5\chi_{17}$	16	8	$153092 = 2^2 \cdot 38273$
	$\chi_4\psi_8\chi_5\bar{\chi}_{17}$	16	8	$66436 = 2^2 \cdot 17 \cdot 977$
	$h^* = 77483\ 560514\ 002244\ \ 288033\ 941979\ 251535\ 291351\ 040000 =$			
	$= 2^{41} \cdot 3^7 \cdot 5^4 \cdot 13 \cdot 17^3 \cdot 41 \cdot 73 \cdot 97 \cdot 593 \cdot 977 \cdot 3217 \cdot 19489 \cdot 38273$			
768	$\psi_{256}\chi_3$	64	32	$340\ 164998\ 939578\ 882753 = 13313 \cdot 175361 \cdot 198593 \cdot 733697$
	$h^* = 1067\ 969144\ 915565\ 716868\ \ 049522\ 568978\ 331378\ 093561\ 484521 =$			
	$= 3^2 \cdot 17 \cdot 401 \cdot 1697 \cdot 13313 \cdot 21121 \cdot 49057 \cdot 175361 \cdot 198593 \cdot 733697 \cdot 29\ 102880\ 226241$			
816	$\psi_{16}\chi_3\chi_{17}^8$	4	2	$20 = 2^2 \cdot 5$
	$\psi_{16}\chi_3\chi_{17}^4$	4	2	$20 = 2^2 \cdot 5$
	$\psi_{16}\chi_3\bar{\chi}_{17}^4$	4	2	$20 = 2^2 \cdot 5$
	$\psi_{16}\chi_3\chi_{17}^2$	8	4	$612 = 2^2 \cdot 3^2 \cdot 17$
	$\psi_{16}\chi_3\bar{\chi}_{17}^2$	8	4	$324 = 2^2 \cdot 3^4$
	$\chi_4\psi_{16}\chi_3\chi_{17}$	16	8	$130628 = 2^2 \cdot 17^2 \cdot 113$
	$\chi_4\psi_{16}\chi_3\bar{\chi}_{17}$	16	8	$379396 = 2^2 \cdot 94849$
	$h^* = 793553\ 314770\ 547109\ \ 801192\ 086472\ 747224\ 274042\ 880000 =$			
	$= 2^{38} \cdot 3^8 \cdot 5^4 \cdot 13 \cdot 17^4 \cdot 41^2 \cdot 97 \cdot 113 \cdot 193 \cdot 577 \cdot 1601 \cdot 2081 \cdot 94849$			
960	$\chi_3\psi_{64}\chi_5^2$	16	8	$261026 = 2 \cdot 130513$
	$\chi_3\chi_4\psi_{64}\chi_5$	16	8	$342754 = 2 \cdot 17^2 \cdot 593$
	$\chi_3\chi_4\psi_{64}\bar{\chi}_5$	16	8	$721378 = 2 \cdot 7^2 \cdot 17 \cdot 433$
	$h^* = 20130\ 907061\ 992729\ \ 156753\ 037152\ 064135\ 304760\ 934400 =$			
	$= 2^{14} \cdot 3^4 \cdot 5^2 \cdot 7^6 \cdot 17^7 \cdot 41 \cdot 89 \cdot 97 \cdot 337 \cdot 401 \cdot 433 \cdot 593 \cdot 7841 \cdot 130513$			
1020	$\chi_4\chi_3\chi_5^2\chi_{17}$	16	8	$558856 = 2^3 \cdot 69857$
	$\chi_4\chi_3\chi_5\chi_{17}^8$	4	2	$20 = 2^2 \cdot 5$
	$\chi_4\chi_3\chi_5\chi_{17}^4$	4	2	$40 = 2^3 \cdot 5$
	$\chi_4\chi_3\chi_5\bar{\chi}_{17}^4$	4	2	$16 = 2^4$
	$\chi_4\chi_3\chi_5\chi_{17}^2$	8	4	$576 = 2^6 \cdot 3^2$
	$\chi_4\chi_3\chi_5\bar{\chi}_{17}^2$	8	4	$544 = 2^5 \cdot 17$
	$h^* = 11\ 412817\ 953927\ \ 959213\ 205123\ 673154\ 912256\ 000000 =$			
	$= 2^{42} \cdot 3^3 \cdot 5^6 \cdot 17^3 \cdot 73 \cdot 193 \cdot 353 \cdot 593 \cdot 1889 \cdot 3217 \cdot 69857$			

Tabelle der φ-Funktion

	0	1	2	3	4	5	6	7	8	9
0.		1	1	2	2	4	2	6	4	6
1.	4	10	4	12	6	8	8	16	6	18
2.	8	12	10	22	8	20	12	18	12	28
3.	8	30	16	20	16	24	12	36	18	24
4.	16	40	12	42	20	24	22	46	16	42
5.	20	32	24	52	18	40	24	36	28	58
6.	16	60	30	36	32	48	20	66	32	44
7.	24	70	24	72	36	40	36	60	24	78
8.	32	54	40	82	24	64	42	56	40	88
9.	24	72	44	60	46	72	32	96	42	60
10.	40	100	32	102	48	48	52	106	36	108
11.	40	72	48	112	36	88	56	72	58	96
12.	32	110	60	80	60	100	36	126	64	84
13.	48	130	40	108	66	72	64	136	44	138
14.	48	92	70	120	48	112	72	84	72	148
15.	40	150	72	96	60	120	48	156	78	104
16.	64	132	54	162	80	80	82	166	48	156
17.	64	108	84	172	56	120	80	116	88	178
18.	48	180	72	120	88	144	60	160	92	108
19.	72	190	64	192	96	96	84	196	60	198
20.	80	132	100	168	64	160	102	132	96	180
21.	48	210	104	140	106	168	72	180	108	144
22.	80	192	72	222	96	120	112	226	72	228
23.	88	120	112	232	72	184	116	156	96	238
24.	64	240	110	162	120	168	80	216	120	164
25.	100	250	72	220	126	128	128	256	84	216
26.	96	168	130	262	80	208	108	176	132	268
27.	72	270	128	144	136	200	88	276	138	180
28.	96	280	92	282	140	144	120	240	96	272
29.	112	192	144	292	84	232	144	180	148	264
30.	80	252	150	200	144	240	96	306	120	204
31.	120	310	96	312	156	144	156	316	104	280
32.	128	212	132	288	108	240	162	216	160	276
33.	80	330	164	216	166	264	96	336	156	224
34.	128	300	108	294	168	176	172	346	112	348
35.	120	216	160	352	116	280	176	192	178	358
36.	96	342	180	220	144	288	120	366	176	240
37.	144	312	120	372	160	200	184	336	108	378
38.	144	252	190	382	128	240	192	252	192	388
39.	96	352	168	260	196	312	120	396	198	216
40.	160	400	132	360	200	216	168	360	128	408
41.	160	272	204	348	132	328	192	276	180	418
42.	96	420	210	276	208	320	140	360	212	240
43.	168	430	144	432	180	224	216	396	144	438
44.	160	252	192	442	144	352	222	296	192	448
45.	120	400	224	300	226	288	144	456	228	288
46.	176	460	120	462	224	240	232	466	144	396
47.	184	312	232	420	156	360	192	312	238	478
48.	128	432	240	264	220	384	162	486	240	324
49.	168	490	160	448	216	240	240	420	164	498
50.	200	332	250	502	144	400	220	312	252	508
51.	128	432	256	324	256	408	168	460	216	344
52.	192	520	168	522	260	240	262	480	160	506

Tabelle der φ-Funktion (Fortsetzung)

	0	1	2	3	4	5	6	7	8	9
53.	208	348	216	480	176	424	264	356	268	420
54.	144	540	270	360	256	432	144	546	272	360
55.	200	504	176	468	276	288	276	556	180	504
56.	192	320	280	562	184	448	282	324	280	568
57.	144	570	240	380	240	440	192	576	272	384
58.	224	492	192	520	288	288	292	586	168	540
59.	232	392	288	592	180	384	296	396	264	598
60.	160	600	252	396	300	440	200	606	288	336
61.	240	552	192	612	306	320	240	616	204	618
62.	240	396	310	528	192	500	312	360	312	576
63.	144	630	312	420	316	504	208	504	280	420
64.	256	640	212	642	264	336	288	646	216	580
65.	240	360	324	652	216	520	320	432	276	658
66.	160	660	330	384	328	432	216	616	332	444
67.	264	600	192	672	336	360	312	676	224	576
68.	256	452	300	682	216	544	294	456	336	624
69.	176	690	344	360	346	552	224	640	348	464
70.	240	700	216	648	320	368	352	600	232	708
71.	280	468	352	660	192	480	356	476	358	718
72.	192	612	342	480	360	560	220	726	288	486
73.	288	672	240	732	366	336	352	660	240	738
74.	288	432	312	742	240	592	372	492	320	636
75.	200	750	368	500	336	600	216	756	378	440
76.	288	760	252	648	380	384	382	696	256	768
77.	240	512	384	772	252	600	384	432	388	720
78.	192	700	352	504	336	624	260	786	392	524
79.	312	672	240	720	396	416	396	796	216	736
80.	320	528	400	720	264	528	360	536	400	808
81.	216	810	336	540	360	648	256	756	408	432
82.	320	820	272	822	408	400	348	826	264	828
83.	328	552	384	672	276	664	360	540	418	838
84.	192	812	420	560	420	624	276	660	416	564
85.	320	792	280	852	360	432	424	856	240	858
86.	336	480	430	862	288	688	432	544	360	780
87.	224	792	432	576	396	600	288	876	438	584
88.	320	880	252	882	384	464	442	886	288	756
89.	352	540	444	828	296	712	384	528	448	840
90.	240	816	400	504	448	720	300	906	452	600
91.	288	910	288	820	456	480	456	780	288	918
92.	352	612	460	840	240	720	462	612	448	928
93.	240	756	464	620	466	640	288	936	396	624
94.	368	940	312	880	464	432	420	946	312	864
95.	360	632	384	952	312	760	476	560	478	816
96.	256	930	432	636	480	768	264	966	440	576
97.	384	970	324	828	486	480	480	976	324	880
98.	336	648	490	982	320	784	448	552	432	924
99.	240	990	480	660	420	792	328	996	498	648
100.	400	720	332	928	500	528	502	936	288	1008
101.	400	672	440	1012	312	672	504	672	508	1018
102.	256	1020	432	600	512	800	324	936	512	588
103.	408	1030	336	1032	460	528	432	960	344	1038
104.	384	692	520	888	336	720	522	696	520	1048
105.	240	1050	524	648	480	840	320	900	506	704

Zusatz bei der Korrektur

Die Zahlen, die nach dem FERMATschen Satz keine Primzahlen sein können (siehe Seite 6 und 7 dieser Arbeit), wurden von Dr. DERFFLINGER auf der Datatron-Elektronen-Maschine noch weiter auf Faktoren untersucht, wozu die Zeiten benutzt wurden, wo die Maschine gerade sonst nicht gebraucht wurde. Auf diese Art wurden dann noch die Faktorenzerlegungen für $f = 321, 239$ und 512 festgestellt (die für 239 nur teilweise). Diese wurden bei der Korrektur noch nachträglich in die Tabelle aufgenommen. Im übrigen untersuchte Dr. DERFFLINGER jede dieser Zahlen bis 5.10^8 auf Faktoren, so daß die noch unbekannten Faktoren größer sein müssen. Nur bei $f = 251$ und 257 langte die Zeit nicht mehr dazu, diese sind daher nur bis 10^8 untersucht. Die Zahl bei $f = 243$ wurde übrigens bis $6{,}5 \cdot 10^8$ untersucht. Für alle diese Untersuchungen spreche ich Dr. DERFFLINGER noch meinen besonderen Dank aus.

ABHANDLUNGEN DER DEUTSCHEN AKADEMIE DER WISSENSCHAFTEN ZU BERLIN

Klasse für Mathematik, Physik und Technik

Jahrgang 1963

Nr. 1 WOLFGANG HINZE

Zum Einfluß der Wärmeverluste auf den Wirkungsgrad von Dieselmotoren

1963. 51 Seiten — 26 Abbildungen — 6 Tabellen — 4° — 7,80 DM

Nr. 2 MARTIN JAHN

Über den Einfluß der Wärmedehnung an Innen-Drehbacken-Bremsen

1963. 79 Seiten — 67 Abbildungen — 4° — 13,50 DM

Nr. 3 MANFRED OEHMICHEN

Ein Beitrag zur thermodynamischen Auslegung von einstufigen Gasturbinenanlagen

Mitteilungen der Sektion Maschinenbau

1963. 76 Seiten — 30 Abbildungen — 79 Tabellen — 4° — 10,50 DM

Nr. 4 ALFRED JANTE

Die Grundlagen der Fahrstabilität

Mitteilungen der Sektion Maschinenbau

1963. 42 Seiten — 41 Abbildungen auf 11 Tafeln in Schlaufe — 4 Tabellen — 4° — 10,30 DM

Jahrgang 1964

Nr. 1 GERHARD ZIMMER

Über die Einflußgrößen beim M-Verfahren

Ein experimenteller Beitrag zur Erweiterung der Erkenntnisse

1964. 64 Seiten Text — 128 Abbildungen auf 28 Seiten — 5 Tabellen — 4° — 14,60 DM

Nr. 2 Vorliegende Arbeit

Wir empfehlen Fortsetzungsbezug der Reihe durch eine Buchhandlung

AKADEMIE-VERLAG · BERLIN

FSC
www.fsc.org
MIX
Papier | Fördert gute Waldnutzung
FSC® C083411

Zeitfracht Medien GmbH
Ferdinand-Jühlke-Straße 7
99095 Erfurt, Deutschland
produktsicherheit@kolibri360.de